2025 교육청 · 대학부설 영재교육원 **완벽 대비**

영재성검사
창의적
문제해결력
모의고사

중등
1~2
학년

SD에듀
시대교육(주)

영재성검사
창의적
문제해결력
모의고사

안쌤
영재교육연구소

창의성이란 무엇인가?

오늘날 세상이 필요로 하는 인재를 논할 때 빠지지 않는 것이 '창의성이 뛰어난 사람'이다. 우리는 창의성이라는 단어를 쉽게 사용하고 있지만 창의성이 무엇인지, 어떤 요소들을 창의성이라 평가하는지에 대해 잘 알고 있지 못하다. 창의성을 강요당하는 학생들은 목적지도 모른 채 무작정 걷기만 하는 것과 다를 바 없지 않을까? 많은 학생들을 지도하다 보면 뛰어난 능력이나 잠재력을 가지고 있음에도 불구하고, 경험이 부족하거나 표현하는 방법을 알지 못해 정확한 평가를 받지 못하는 학생을 종종 만날 수 있다. 또한, 창의성은 타고나는 것으로 자신과는 거리가 멀다 생각하고 미리 포기하는 학생들도 있다. 따라서 학생들이 이 교재를 통해 문제를 해결하는 다양한 아이디어를 찾아내는 것이 남들과 다른 자신만의 창의성을 표현하는 방법이 된다는 사실을 알았으면 한다.

영재교육원 선발에서 중요하게 평가되는 요소는 영재성과 창의성이다. 최근 영재교육원 지원자 수가 증가함에 따라 짧은 시간의 면접만으로 학생들의 영재성과 창의성을 정확하게 판별하는 것이 쉽지 않아졌다. 이 때문에 다시 영재성검사, 창의적 문제해결력 평가와 같은 지필시험을 통해 영재교육 대상자를 선발하는 교육기관의 수가 점점 늘고 있다. 다년간의 영재성 · 창의성 강의의 노하우를 담은 「영재성검사 창의적 문제해결력 모의고사」 교재로의 학습은 영재교육원 지필시험에 대비하는 가장 효과적인 방법이 될 것이다.

영재성과 창의성을 태어날 때부터 가지고 태어나는 학생들도 있다. 하지만 연습과 노력을 통해 그 능력을 향상시킬 수 있으며, 실제로 매년 그 결과를 확인하고 있다. 여러분도 그 주인공이 될 수 있다. 이 책을 보기 전에 미리 이 책의 마지막 장을 덮은 자신의 모습을 상상해 보자. 영재교육원 지필시험 정도는 전혀 두려워하지 않고, 지금보다 훨씬 자신감이 넘치며 뛰어난 영재성과 창의성을 가진 자신의 모습일 것이다. 상상만으로 벌써 미소가 지어지지 않는가?

그렇다면 이제 이 책을 시작할 시간이다.

안쌤 영재교육연구소 융합수학컨텐츠 개발 팀장 **이 상 호**(수달쌤)

영재교육원에 대해
궁금해 하는 Q&A

영재교육원 대비로 가장 많이 문의하는 궁금증 리스트와
안쌤의 속~ 시원한 답변 시리즈

 No.1 안쌤이 생각하는 대학부설 영재교육원과 교육청 영재교육원의 차이점

Q 어느 영재교육원이 더 좋나요?

A 대학부설 영재교육원이 대부분 더 좋다고 할 수 있습니다. 대학부설 영재교육원은 교수님의 주관으로 진행되고, 교육청 영재교육원은 영재 담당 선생님이 진행합니다. 교육청 영재교육원은 기본 과정, 대학부설 영재교육원은 심화 과정과 사사 과정을 담당합니다.

Q 어느 영재교육원이 들어가기 어렵나요?

A 대학부설 영재교육원이 합격하기 더 어렵습니다. 보통 대학부설 영재교육원은 9~11월, 교육청 영재교육원은 11~12월에 선발합니다. 먼저 선발하는 대학부설 영재교육원에 대부분의 학생들이 지원하고 상대평가로 합격이 결정되므로 경쟁률이 높고 합격하기 어렵습니다.

Q 선발 방법은 어떻게 다른가요?

A

대학부설 영재교육원은 대학마다 다양한 유형으로 진행이 됩니다.	교육청 영재교육원은 지역마다 다양한 유형으로 진행이 됩니다.
1단계 서류 전형으로 자기소개서, 영재성 입증자료 **2단계** 지필평가 　　　(창의적 문제해결력 평가(검사), 영재성판별검사, 　　　창의력검사 등) **3단계** 심층면접(캠프전형, 토론면접 등) ※ 지원하고자 하는 대학부설 영재교육원 모집요강을 꼭 확인해 주세요.	GED 지원단계 자기보고서 포함 여부 **1단계** 지필평가 　　　(창의적 문제해결력 평가(검사), 영재성검사 등) **2단계** 면접(심층면접, 토론면접 등) ※ 지원하고자 하는 교육청 영재교육원 모집요강을 꼭 확인해 주세요.

No.2 교재 선택의 기준

Q 현재 4학년이면 어떤 교재를 봐야 하나요?

A 교육청 영재교육원은 선행 문제를 낼 수 없기 때문에 현재 학년에 맞는 교재를 선택하시면 됩니다.

Q 현재 6학년인데, 중등 영재교육원에 지원합니다. 중등 선행을 해야 하나요?

A 현재 6학년이면 6학년과 관련된 문제가 출제됩니다. 중등 영재교육원이라 하는 이유는 올해 합격하면 내년에 중학교 1학년이 되어 영재교육원을 다니기 때문입니다.

Q 대학부설 영재교육원은 수준이 다른가요?

A 대학부설 영재교육원은 대학마다 다르지만 1~2개 학년을 더 공부하는 것이 유리합니다.

지필평가 유형 안내

Q 영재성검사와 창의적 문제해결력 검사는 어떻게 다른가요?

A 과거

영재성 검사
언어 창의성
수학 창의성
수학 사고력
과학 창의성
과학 사고력

+

학문적성 검사
수학 사고력
과학 사고력
창의 사고력

=

창의적 문제해결력 검사
수학 창의성
수학 사고력
과학 창의성
과학 사고력
융합 사고력

현재

영재성 검사
일반 창의성
수학 창의성
수학 사고력
과학 창의성
과학 사고력

창의적 문제해결력 검사
수학 창의성
수학 사고력
과학 창의성
과학 사고력
융합 사고력

지역마다 실시하는 시험이 다릅니다.
서울: 창의적 문제해결력 검사
부산: 창의적 문제해결력 검사(영재성검사＋학문적성검사)
대구: 창의적 문제해결력 검사
대전＋경남＋울산: 영재성검사, 창의적 문제해결력 검사

 영재교육원 대비 파이널 공부 방법

Step1 자기인식

자가 채점으로 현재 자신의 실력을 확인해 주세요. 남은 기간 동안 효율적으로 준비하기 위해서는 현재 자신의 실력을 확인해야 합니다. 기간이 많이 남지 않았다면 빨리 지필평가에 맞는 교재를 준비해 주세요.

Step2 답안 작성 연습

지필평가 대비로 가장 중요한 부분은 답안 작성 연습입니다. 모든 문제가 서술형이라서 아무리 많이 알고 있고, 답을 알더라도 답안을 제대로 작성하지 않으면 점수를 잘 받을 수 없습니다. 꼭 답안 쓰는 연습을 해 주세요. 자가 채점이 많은 도움이 됩니다.

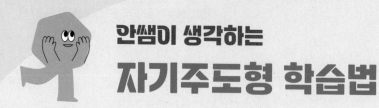

안쌤이 생각하는
자기주도형 학습법

변화하는 교육정책에 흔들리지 않는 것이 자기주도형 학습법이 아닐까?
입시 제도가 변해도 제대로 된 학습을 한다면 자신의 꿈을 이루는 데 걸림돌이 되지 않는다!

독서 ▶ 동기 부여 ▶ 공부 스타일로
공부하기 위한 기본적인 환경을 만들어야 한다.

1단계   독서

'빈익빈 부익부'라는 말은 지식에도 적용된다. 기본적인 정보가 부족하면 새로운 정보도 의미가 없지만, 기본적인 정보가 많으면 새로운 정보를 의미 있는 정보로 만들 수 있고, 기본적인 정보와 연결해 추가적인 정보(응용·창의)까지 쌓을 수 있다. 그렇기 때문에 먼저 기본적인 지식을 쌓지 않으면 아무리 열심히 공부해도 수학·과학 과목에서 높은 점수를 받기 어렵다. 기본적인 지식을 많이 쌓는 방법으로는 독서와 다양한 경험이 있다. 그래서 입시에서 독서 이력과 창의적 체험활동(www.neis.go.kr)을 보는 것이다.

2단계   동기 부여

인간은 본인의 의지로 선택한 일에 책임감이 더 강해지므로 스스로 적성을 찾고 장래를 선택하는 것이 가장 좋다. 스스로 적성을 찾는 방법은 여러 종류의 책을 읽어서 자기가 좋아하는 관심 분야를 찾는 것이다. 자기가 원하는 분야에 관심을 갖고 기본 지식을 쌓다 보면, 쌓인 기본 지식이 학습과 연관되면서 공부에 흥미가 생겨 점차 꿈을 이루어 나갈 수 있다. 꿈과 미래가 없이 막연하게 공부만 하면 두뇌의 반응이 약해진다. 그래서 시험 때까지만 기억하면 그만이라고 생각하는 단순 정보는 시험이 끝나는 순간 잊어버린다. 반면 중요하다고 여긴 정보는 두뇌를 강하게 자극해 오래 기억된다. 살아가는 데 꿈을 통한 동기 부여는 학습법 자체보다 더 중요하다고 할 수 있다.

3단계   공부 스타일

공부하는 스타일은 학생마다 다르다. 예를 들면, '익숙한 것을 먼저 하고 익숙하지 않은 것을 나중에 하기', '쉬운 것을 먼저 하고 어려운 것을 나중에 하기', '좋아하는 것을 먼저 하고, 싫어하는 것을 나중에 하기' 등 다양한 방법으로 공부를 하다 보면 자신에게 맞는 공부 스타일을 찾을 수 있다. 자신만의 방법으로 공부를 하면 성취감을 느끼기 쉽고, 어떤 일이든지 자신 있게 해낼 수 있다.

어느 정도 기본적인 환경을 만들었다면
이해 - 기억 - 복습의 자기주도형 3단계 학습법으로
창의적 문제해결력을 키우자.

1단계 이해

단원의 전체 내용을 쭉 읽어본 뒤, 개념 확인 문제를 풀면서 중요 개념을 확인해 전체적인 흐름을 잡고 내용 간의 연계(마인드맵 활용)를 만들어 전체적인 내용을 이해한다.
개념을 오래 고민하고 깊이 이해하려고 하는 습관은 스스로에게 질문하는 것에서 시작된다.
[이게 무슨 뜻일까? / 이건 왜 이렇게 될까? / 이 둘은 뭐가 다르고, 뭐가 같을까? / 왜 그럴까?]
막히는 문제가 있으면 먼저 머릿속으로 생각하고, 끝까지 이해가 안 되면 답지를 보고 해결한다. 그래도 모르겠으면 여러 방면 (관련 도서, 인터넷 검색 등)으로 이해될 때까지 찾아보고, 그럼에도 이해가 안 된다면 선생님께 여쭤 보라. 이런 과정을 통해서 스스로 문제를 해결하는 능력이 키워진다.

2단계 기억

암기해야 하는 부분은 의미 관계를 중심으로 분류해 전체 내용을 조직한 후 자신의 성격이나 환경에 맞는 방법, 즉 자신만의 공부 스타일로 공부한다. 이때 노력과 반복이 아닌 흥미와 관심으로 시작하는 것이 중요하다. 그러나 흥미와 관심만으로는 힘들 수 있기 때문에 단원과 관련된 수학·과학 개념이 사회 현상이나 기술을 설명하기 위해 어떻게 활용되고 있는지를 알아보면서 자연스럽게 다가가는 것이 좋다.
그리고 개념 이해를 요구하는 단원은 기억 단계를 필요로 하지 않기 때문에 이해 단계에서 바로 복습 단계로 넘어가면 된다.

3단계 복습

복습은 여러 유형의 문제를 풀어 보는 것이므로, 이렇게 할 때 교과서에 나온 개념과 원리를 제대로 이해할 수 있을 것이다. 기본 교재(내신 교재)의 문제와 심화 교재(창의사고력 교재)의 문제를 풀면서 문제해결력과 창의성을 키우는 연습을 한다면 시험에서 좋은 점수를 받을 수 있을 것이다.

마지막으로 과목에 대한 흥미를 바탕으로 정서적으로 안정적인 상태에서 낙관적인 태도로 자신감 있게 공부하는 것이 가장 중요하다.

안쌤 영재교육연구소 대표 **안 재 범**

안쌤이 생각하는
영재교육원 대비 전략

1. 학교 생활 관리: 담임교사 추천, 학교장 추천을 받기 위한 기본적인 관리
- 교내 각종 대회 대비 및 창의적 체험활동(www.neis.go.kr) 관리
- 독서 이력 관리: 교육부 독서교육종합지원시스템 운영

2. 흥미 유발과 사고력 향상: 학습에 대한 흥미와 관심을 유발
- 퍼즐 형태의 문제로 흥미와 관심 유발
- 문제를 해결하는 과정에서 집중력과 두뇌 회전력, 사고력 향상

▲ 안쌤의 사고력 수학 퍼즐 시리즈 (총 14종)

3. 교과 선행: 학생의 학습 속도에 맞춰 진행
- '교과 개념 교재 ➡ 심화 교재'의 순서로 진행
- 현행에 머물러 있는 것보다 학생의 학습 속도에 맞는 선행 추천

4. 수학, 과학 과목별 학습
- 수학, 과학의 개념을 이해할 수 있는 문제해결

▲ 안쌤의 창의사고력 수학 실전편 시리즈
(초급, 중급, 고급)

▲ 안쌤의 STEAM + 창의사고력
수학 100제 시리즈
(초등 1, 2, 3, 4, 5, 6학년)

▲ 안쌤의 STEAM + 창의사고력
과학 100제 시리즈
(초등 1, 2, 3, 4, 5, 6학년)

5. 융합사고력 향상

- 융합사고력을 향상시킬 수 있는 문제해결

◀ 안쌤의 수 · 과학 융합 특강

6. 지원 가능한 영재교육원 모집 요강 확인

- 지원 가능한 영재교육원 모집 요강을 확인하고 지원 분야와 전형 일정 확인
- 지역마다 학년별 지원 분야가 다를 수 있음

7. 지필평가 대비

- 평가 유형에 맞는 교재 선택과 서술형 답안 작성 연습 필수

▲ 영재성검사 창의적 문제해결력
모의고사 시리즈

(초등 3~4, 5~6, 중등 1~2학년)

▲ SW 정보영재 영재성검사
창의적 문제해결력 모의고사 시리즈

(초등 3~4, 초등 5~중등 1학년)

8. 탐구보고서 대비

- 탐구보고서 제출 영재교육원 대비

◀ 안쌤의 신박한 과학 탐구보고서

9. 면접 기출문제로 연습 필수

- 면접 기출문제와 예상문제에 자신
만의 답변을 글로 정리하고, 말로
표현하는 연습 필수

◀ 안쌤과 함께하는 영재교육원 면접 특강

이 책의 구성과 특징

문제편

창의적 문제해결력 모의고사 4회분

초등 5~6학년 수학·과학 개념을 기반으로 영재교육원 영재성검사, 창의적 문제해결력 평가 최신 출제 경향을 반영하여 창의성, 수학·과학 사고력, 융합 사고력 평가문제로 구성된 창의적 문제해결력 모의고사 4회분을 수록했어요. 모의고사를 통해 영재교육원 창의적 문제해결력 평가의 실전 감각을 익힐 수 있어요.

영재교육원 최신 기출문제

다년간의 교육청·대학부설 영재교육원 영재성검사, 창의적 문제해결력 평가 최신 기출문제를 수록했어요. 이를 통해 영재교육원 선발시험의 문제 유형과 내용, 변화의 흐름을 예측할 수 있어요.

또한, 최신 기출문제 해설 강의를 안쌤 영재교육연구소 유튜브 채널에서 제공하고 있어요.

최신 기출문제 복원에는 '행복한 영재들의 놀이터'를 운영하고 계신 정영철 선생님께서 도움을 주셨어요.(blog.naver.com/ccedulab)

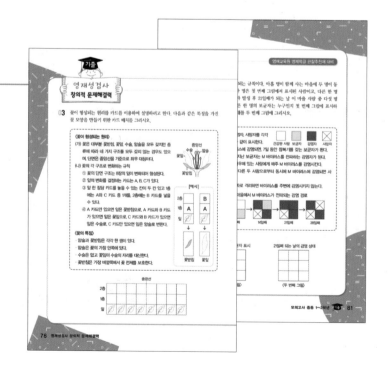

정답 및 해설편

평가 가이드
문항 구성 및 채점표

창의적 문제해결력 모의고사 평가 영역을 창의성, 수학 ·
과학 사고력, 문제 파악 능력, 문제 해결 능력으로 나눈
문항 구성 및 채점표를 수록했어요. 이를 이용하여 평가
결과에 따른 학습 방향을 통해 부족한 부분을 보완하여
개선해 나갈 수 있어요.

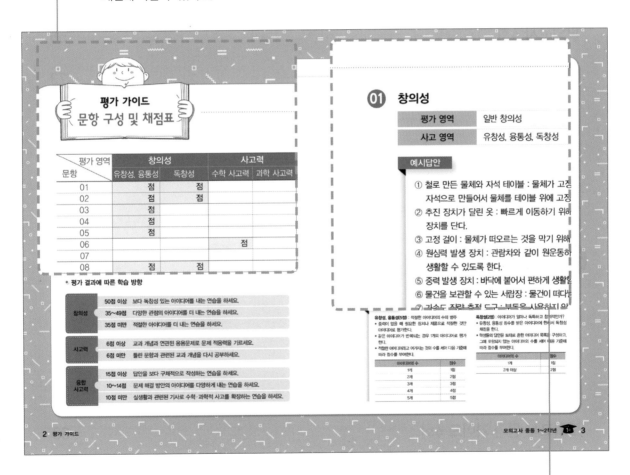

평가 가이드
문항 구성 및 채점표

평가 영역	창의성		사고력	
문항	유창성, 융통성	독창성	수학 사고력	과학 사고력
01	점	점		
02	점	점		
03	점			
04	점			
05	점			
06				점
07				
08	점	점		

＊ 평가 결과에 따른 학습 방향

창의성	50점 이상	보다 독창성 있는 아이디어를 내는 연습을 하세요.
	35~49점	다양한 관점의 아이디어를 더 내는 연습을 하세요.
	35점 미만	적절한 아이디어를 더 내는 연습을 하세요.

사고력	6점 이상	교과 개념과 연관된 응용문제로 문제 적응력을 기르세요.
	6점 미만	틀린 문항과 관련된 교과 개념을 다시 공부하세요.

융합 사고력	15점 이상	답안을 보다 구체적으로 작성하는 연습을 하세요.
	10~14점	문제 해결 방안의 아이디어를 다양하게 내는 연습을 하세요.
	10점 미만	실생활과 관련된 기사로 수학·과학적 사고를 확장하는 연습을 하세요.

01 창의성

평가 영역	일반 창의성
사고 영역	유창성, 융통성, 독창성

예시답안

① 철로 만든 물체와 자석 테이블 : 물체가 고정
자석으로 만들어서 물체를 테이블 위에 고정
② 추진 장치가 달린 옷 : 빠르게 이동하기 위해
장치를 단다.
③ 고정 걸이 : 물체가 떠오르는 것을 막기 위해
④ 원심력 발생 장치 : 관람차와 같이 원운동하
생활할 수 있도록 한다.
⑤ 중력 발생 장치 : 바닥에 붙어서 편하게 생활할
⑥ 물건을 보관할 수 있는 서랍장 : 물건이 떠다니
⑦ 가속도 질량 측정 도구 : 부동을 사용하지 않

유창성, 융통성(5점) : 적절한 아이디어의 수의 범주
· 중력이 없을 때 필요한 장치나 제품으로 적절한 3가지
아이디어로 평가한다.
· 같은 아이디어가 반복되는 경우 1개의 아이디어로 평가
한다.
· 적절한 아이디어라고 여겨지는 것의 수를 세어 다음 기준에
따라 점수를 부여한다.

아이디어의 수	점수
1개	1점
2개	2점
3개	3점
4개	4점
5개	5점

독창성(2점) : 아이디어가 얼마나 독특하고 참신한가?
· 유창성, 융통성 점수를 받은 아이디어에 한하여 독창성
채점을 한다.
· 학생들의 답안을 토대로 흔한 아이디어 목록을 구성하고,
그에 포함되지 않는 아이디어의 수를 세어 다음 기준에
따라 점수를 부여한다.

아이디어의 수	점수
1개	1점
2개 이상	2점

모범답안, 예시답안 및 채점 기준

창의적 문제해결력 문제에 대한 모범답안이나 예시답안,
적절하지 않은 답안 및 채점 기준을 제시했어요. 자신의
답안과 비교해 보고 자신의 장점은 살리고 부족한 부분은
개선해 영재교육원 지필시험에 대비할 수 있어요.

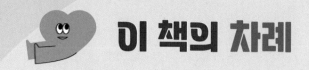

이 책의 차례

영재성검사 창의적 문제해결력

정답 및 해설

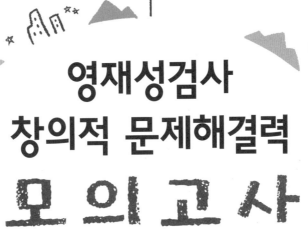

영재성검사
창의적 문제해결력
모의고사
1회

중학교 　　　 학년 　　　 반 　　　 번

성 명 　　　　　　　　　　　　　　 지원 부문

● 시험 시간은 총 90분입니다.

● 문제가 1번부터 14번까지 있는지 확인하시오.

● 문제지에 학교, 학년, 반, 번, 성명, 지원 부문을 쓰시오.

● 문항에 따라 배점이 다릅니다. 각 물음의 끝에 표시된 배점을 참고하시오.

● 필기구 외에는 계산기 등을 일체 사용할 수 없습니다.

제한시간 : 90분

영재성검사
창의적 문제해결력

01 우주정거장처럼 중력을 느낄 수 없는 곳에서 살아야 할 때 필요한 제품을 5가지
쓰고 그 기능을 서술하시오. [7점]

❶

❷

❸

❹

❺

02 3명의 학생이 어려운 이웃을 돕기 위한 성금을 모으기 위해 매일 2시간씩 샌드위치 장사를 하기로 했다. 이때, 고려해야 할 점을 10가지 서술하시오. [7점]

❶

❷

❸

❹

❺

❻

❼

❽

❾

❿

영재성검사
창의적 문제해결력

03 다음은 흔히 볼 수 있는 일회용 종이컵의 모습이다. 종이컵의 모양이 다음과 같을 때 좋은 점을 10가지 서술하시오. [7점]

①

②

③

④

⑤

⑥

⑦

⑧

⑨

⑩

04 다음 입체도형을 이용한 수학 관련 문제를 10개 만드시오. [7점]

❶

❷

❸

❹

❺

❻

❼

❽

❾

❿

05 지후는 등산용 보온병을 사려고 한다. 등산용 보온병을 살 때 고려해야 할 점을 10가지 서술하시오. [7점]

❶

❷

❸

❹

❺

❻

❼

❽

❾

❿

06 1~9까지의 수를 한 번씩만 사용해 [보기]의 식을 완성하려고 한다. □ 안에 들어갈 수를 찾아 식을 완성하시오. [5점]

[보기]

$$\frac{1}{\square \times 6} + \frac{\square}{\square \times 9} + \frac{\square}{\square \times \square} = 1$$

07 다음 기사를 읽고 물음에 답하시오.

[기 사]

새해 첫 촛불 집회에서 주최 측은 참가 인원을 60만 명, 경찰 측은 2만 4,000명으로 추산했다. 이처럼 주최 측과 경찰 측 추산 인원이 차이가 나자 경찰은 앞으로 자체 추산 인원을 언론에 공개하지 않는다는 방침을 세웠다. 대상의 수가 너무 많아 일일이 조사하기 힘든 경우, 불가피하게 소수의 대상으로 전체를 헤아리는 방법을 사용하는데 이 방법 중 하나가 페르미 추정법이다.

(1) 페르미가 시카고 대학 교수 시절 학생들에게 냈다는 '시카고 피아노 조율사의 수는 몇 명일까?'하는 문제는 매우 유명하다. [보기]를 바탕으로 시카고의 피아노 조율사 수를 추산하시오. [3점]

[보기]

① 시카고에는 5,000,000명이 살고 있다.

② 평균적으로 시카고에서 한 가구는 4명으로 구성된다.

③ 전체 가구의 10 %가 피아노를 가지고 있다.

④ 피아노는 평균적으로 약 1년에 한 번 꼴로 조율한다.

⑤ 조율사는 오가는 시간을 포함해 피아노 1대를 조율하는 데 2시간이 걸린다.

⑥ 피아노 조율사는 하루에 8시간, 주 5일, 1년에 50주 근무한다.

(2) 페르미 추정법으로 해결할 수 있는 문제를 10가지 서술하시오. [7점]

❶

❷

❸

❹

❺

❻

❼

❽

❾

❿

08 강아지가 나무 위에 올라가 내려오지 못하고 있다. 강아지를 땅으로 내려오게 할 수 있는 방법을 10가지 서술하시오. [7점]

①

②

③

④

⑤

⑥

⑦

⑧

⑨

⑩

09 다음과 같이 '산토끼'는 다양한 의미로 쓰일 수 있다. 이와 같이 하나의 단어가 여러 가지 뜻을 가지고 있는 것을 찾아 5개 쓰고, 그 단어의 의미를 2개씩 서술하시오. [7점]

> **[보기]**
>
> 산토끼 : 살아있는 토끼, 산에 사는 토끼, 돈을 주고 산 토끼

①

②

③

④

⑤

10 식물이 광합성을 하는 것처럼 동물도 광합성을 할 수 있게 된다면 어떤 변화가 생길지 10가지 서술하시오. [7점]

①

②

③

④

⑤

⑥

⑦

⑧

⑨

⑩

11 2010년에 개봉한 영화 '언스토퍼블'은 기관사 없이 도시를 향해 질주하는 폭발물이 실린 열차를 세우려는 노력을 담은 영화이다. 기관사 없이 시속 76 km의 속력으로 달리는 열차를 세울 수 있는 방법을 5가지 서술하시오. [7점]

❶

❷

❸

❹

❺

12 생체모방 기술은 자연에서 관찰되는 디자인적 요소나 생물체의 특성을 연구하고 모방하는 기술이다. 다음 글을 읽고 실생활에서 사용되는 생체모방 기술의 예를 10가지 서술하시오. [7점]

> 벨크로는 한쪽에 갈고리, 다른 한쪽에 걸림 고리가 있어 서로 붙였다 떼었다 할 수 있다. 국내에서는 찍찍이 테이프로 많이 알려져 있으며, 의류, 가방, 신발 등에 단추, 지퍼 및 고리 대용으로 주로 사용된다. 스위스 엔지니어 메스트랄은 1941년 알프스에서 하이킹을 마친 후 강아지와 자신의 옷에 산우엉 가시가 붙어 있는 것을 발견했다. 현미경으로 산우엉 가시를 관찰하던 중 벨크로에 관한 아이디어를 얻게 되었고 이것이 오늘날 사용되는 벨크로의 원리이다.
>
>

❶

❷

❸

❹

❺

❻

❼

❽

❾

❿

13 전기를 사용하지 않는 무전력 냉장고는 겹쳐진 두 개의 원통형 그릇으로 이루어져 있으며, 두 그릇 사이 공간에는 유리 폼(glass foam)이 채워져 있다. 유리 폼에 물을 부어주면 전기를 사용하지 않고 음식을 시원하게 보관할 수 있다. 무전력 냉장고의 원리를 서술하시오. [5점]

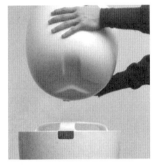  

영재성검사
창의적 문제해결력

14 다음 기사를 읽고 물음에 답하시오.

[기사]

2017년 7월 3일 관광객들이 자주 찾는 인도네시아의 디엥(Dieng) 고원에 있는 실레리(sileri) 분화구가 갑자기 폭발했다. 멀리 보이는 분화구에서는 희뿌연 연기와 화산재가 끊임없이 솟아오르고 대피 행렬에 오른 관광객들로 일대 도로가 순식간에 아수라장으로 변했다. 실레리 분화구가 있는 디엥 고원은 해발 고도 2,000 m 이상으로 날씨가 서늘하고 유명한 힌두 사원이 있어 관광객들이 즐겨 찾는 명소이다. 그러나 디엥 고원에는 폭발적으로 분화하는 분화구 10개가 있고 2009년에도 크게 폭발했기 때문에 관광객 안전을 위한 대책 마련이 시급하다는 지적이 나오고 있다.

(1) 아래 그림을 바탕으로 인도네시아에서 화산 폭발과 지진이 자주 일어나는 이유를 서술하시오. [3점]

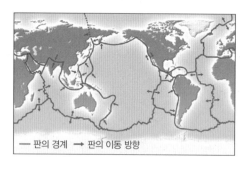

— 판의 경계 → 판의 이동 방향

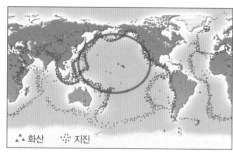

▲ 화산 ✦ 지진

(2) 화산이 폭발하면 기체 물질인 화산 가스, 액체 물질인 뜨거운 용암, 고체 물질인 화산재와 화산 쇄설물들이 함께 분출된다. 화산 폭발에 의한 피해를 줄이기 위한 방법을 5가지 서술하시오. [7점]

❶

❷

❸

❹

❺

영재성검사

창의적 문제해결력

1회

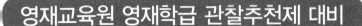

영재성검사
창의적 문제해결력
모의고사

2회

중학교　　　학년　　　반　　　번

성 명 〉

지원 부문 〉

- 시험 시간은 총 90분입니다.
- 문제가 1번부터 14번까지 있는지 확인하시오.
- 문제지에 학교, 학년, 반, 번, 성명, 지원 부문을 쓰시오.
- 문항에 따라 배점이 다릅니다. 각 물음의 끝에 표시된 배점을 참고하시오.
- 필기구 외에는 계산기 등을 일체 사용할 수 없습니다.

제한시간 : 90분

영재성검사
창의적 문제해결력

01 '만원만'이라는 이름을 가진 부자가 있다. 이 부자는 누군가 자신의 이름을 부르면 만 원씩 생기는 요술 상자를 가지고 있다. 이를 시샘하던 왕이 이 부자의 이름을 부르지 못하도록 명령했다. 사람들이 이 부자 이름인 '만원만'을 부르게 할 수 있는 방법을 5가지 서술하시오. [7점]

❶

❷

❸

❹

❺

02 선풍기의 편리한 점과 불편한 점을 각각 3가지씩 쓰고 불편한 점은 해결할 수 있는 방법도 함께 서술하시오. [7점]

편리한 점	❶
	❷
	❸
불편한 점과 해결 방법	❶
	❷
	❸

03 어제 자신이 한 일 중 수학과 관련된 활동을 10가지 서술하시오. [7점]

①

②

③

④

⑤

⑥

⑦

⑧

⑨

⑩

04 맨홀(manhole)은 '사람 구멍'이라는 뜻으로 지하에 묻혀 있는 수도관이나 하수관, 가스관, 전화선, 전기선 등을 검사, 수리, 청소하기 위해 사람이 내려갈 수 있도록 만든 통로이다. 세계 어느 나라에 가더라도 맨홀과 맨홀 뚜껑은 대부분 원형이다. 맨홀과 맨홀 뚜껑이 원형이어서 좋은 점을 10가지 서술하시오. [7점]

❶

❷

❸

❹

❺

❻

❼

❽

❾

❿

05 +, −, ×, ÷, ( )를 사용하여 다음 식이 성립하는 식을 10개 만드시오. [7점]

> **2   2   2   2 = 1**

①

②

③

④

⑤

⑥

⑦

⑧

⑨

⑩

06 다음 수의 규칙에 맞게 ☐ 안에 들어갈 수를 구하고, 풀이 과정을 서술하시오.
[5점]

| 976 378 168 ☐ 32 6 |

☐ 안에 들어갈 수

풀이 과정

영재성검사
창의적 문제해결력

07 다음 기사를 읽고 물음에 답하시오.

[기 사]

x의 값이 정해질 때, 그에 따른 y의 값이 정해지는 것을 함수라고 한다. 이때 정해진 x의 값에 따른 결과인 y가 연결될 때 이를 대응이라고 한다. 우리가 흔히 볼 수 있는 자동판매기를 생각해 보자. 첫 번째 버튼에 콜라가 적혀 있다면 그 버튼을 누르면 콜라가 나온다. 이것은 첫 번째 버튼이 콜라와 대응되어 있기 때문이다. x의 값에 따른 y의 값이 중복되지 않는 경우 이를 일대일 대응이라고 한다. 이것은 버튼마다 모두 다른 물건이 나오는 자동판매기와 같다.

(1) 함수 $y=-3(x-4)-7$에서 x 값이 -2로 정해졌을 때, 대응하는 y 값을 구하시오.
[3점]

(2) 우리 생활에서 일대일 대응으로 설명할 수 있는 경우를 10가지 서술하시오. [7점]

❶

❷

❸

❹

❺

❻

❼

❽

❾

❿

영재성검사
창의적 문제해결력

08 다음 [보기]는 '손'을 이용하여 서로 다른 뜻의 문장을 만든 것이다. '재미', '밟다', '잘하다'로 [보기]와 같은 문장을 각각 3개씩 만드시오. (단, 동사 활용도 가능하다.) [7점]

> **[보기]**
>
> •손을 씻고 오너라. •손을 빌려주다.
> •이 일은 손이 많이 간다. •도저히 손을 쓸 도리가 없다.
> •그에게 손대지 마라. •그 회사는 전국에 손을 뻗치고 있다.
> •그 상품은 어디에 가도 손에 넣을 수 없다.

재미 ❶

❷

❸

밟다 ❶

❷

❸

잘하다 ❶

❷

❸

09 태양을 제외하고 지구에서 가장 가까운 별(항성)은 '프록시마 센타우리'이다. 이 별은 약 4.24광년 거리에 있는 별로서 인류가 만든 가장 빠른 탐사선을 타고 간다고 하더라도 5만 5,000년을 날아가야 하는 거리이다. 프록시마 센타우리 근처의 한 별에는 인류보다 훨씬 발전된 문명을 가진 생명체가 살고 이들은 지구 문명과 접촉하려고 한다. 이들이 지구 문명과 접촉할 수 있는 방법을 5가지 서술하시오. [7점]

❶

❷

❸

❹

❺

영재성검사
창의적 문제해결력

10 대부분의 동물은 천적에게 발견되지 않기 위해 자신의 몸을 잘 숨길 수 있는 모양과 색을 가지고 있다. 하지만 나비는 화려한 색깔과 모양을 가지고 있다. 나비의 날개 색과 모양이 화려해서 유리한 점을 5가지 서술하시오. [7점]

❶

❷

❸

❹

❺

11 공기가 없는 우주에서는 소리가 전달되지 않는다. 소리가 전달되기 위해서는 공기와 같은 매질이 필요하기 때문이다. 두 명의 우주 비행사가 우주선을 수리하기 위해 밖으로 나갔다가 통신 장치가 고장 났을 때, 두 우주 비행사가 의사소통을 할 수 있는 방법을 5가지 서술하시오. [7점]

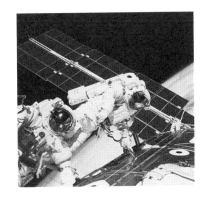

❶

❷

❸

❹

❺

12 다음 글을 읽고 땀을 흘릴 수 없게 된다면 어떤 일이 일어날지 예상하여 10가지 서술하시오. [7점]

> 소변은 얼마나 물을 많이 마셨는지, 어떤 음식을 먹었는지, 얼마나 땀을 흘렸는지에 따라 그 양이 달라진다. 보통 성인의 경우 하루에 1~2 L 정도의 소변을 배출한다. 날씨가 덥거나 운동을 하는 경우 많은 땀을 흘리게 되는데 이러한 경우 소변의 양이 절반 이상으로 줄어들 수 있다.

❶

❷

❸

❹

❺

❻

❼

❽

❾

❿

13 유조선이나 화물선과 같은 대형 선박은 조타가 정교하지 못해 항구에 직접 접항하기 어려우므로 예인선이라 불리는 작은 배가 입항 및 출항을 도와준다. 예인선 2대가 공동 작업하여 유조선을 이동시키려고 한다. 방법 A, B 중 효과적인 방법을 고르고 그 이유를 서술하시오. [5점]

《방법 A》

《방법 B》

효과적인 방법

이유

14 다음 기사를 읽고 물음에 답하시오.

[기 사]

지구 온난화로 인해 북극의 빙하가 녹아내리기 시작한 것은 어제오늘의 일이 아니다. 지구 온난화의 영향으로 빙하 면적이 10년마다 약 12 % 정도 줄어들고 있으며 최소 10년에서 20년 후에는 북극의 빙하가 사라질 수도 있다는 예측이 나왔다. 방송에서도 '북극의 눈물' 다큐멘터리를 방송하며 지구 온난화로 인한 기상 이변이 자연 생태계에 얼마나 큰 영향을 주며, 그 피해는 곧 인간의 생존까지 영향을 주고 있음을 경고하였다. 알래스카에 사는 원주민은 북극 빙하가 녹으면서 사냥감이 사라져 생존의 위기에 내몰리고, 갈 곳을 잃은 북극곰은 결국 인간의 영역을 침범할 수밖에 없으며 이로 인한 인명 피해도 발생하고 있다. 지난해에는 남극의 빙하가 돌이킬 수 없을 정도의 빠른 속도로 붕괴하고 있다는 보도가 방송에서 한동안 계속 나왔다.

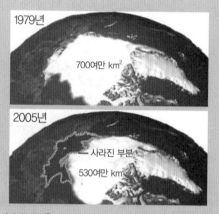

(1) 지구 온난화로 인해 북극해의 빙하와 남극 대륙의 빙하가 녹을 때 해수면의 변화를 서술하시오. [3점]

(2) 지구 온난화로 인해 북극해의 빙하가 녹았을 때의 장점과 단점을 각각 2가지 서술하시오. [7점]

장점

❶

❷

단점

❶

❷

2회

영재성검사

창의적 문제해결력

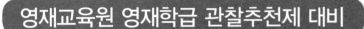

영재성검사
창의적 문제해결력
모의고사

3회

중학교   학년   반   번

성 명   **지원 부문**

- 시험 시간은 총 90분입니다.
- 문제가 1번부터 14번까지 있는지 확인하시오.
- 문제지에 학교, 학년, 반, 번, 성명, 지원 부문을 쓰시오.
- 문항에 따라 배점이 다릅니다. 각 물음의 끝에 표시된 배점을 참고하시오.
- 필기구 외에는 계산기 등을 일체 사용할 수 없습니다.

제한시간 : **90**분

01 음악실 옆에 있는 교실에서 수업을 듣고 있는 윤서는 음악 소리가 너무 커서 수업에 집중할 수 없었다. 음악실의 음악 소리에 방해받지 않고 수업을 들을 수 있는 방법을 5가지 서술하시오. [7점]

❶

❷

❸

❹

❺

02 기차는 오래전부터 많은 사람들이 편리하게 이용하는 교통수단이었지만, 요즘엔 자동차나 비행기 등에 밀려 그 쓰임이 변하고 있으며, 기차를 이용하는 승객도 줄어들고 있다. 사람들이 타고 싶어하는 기차로 변형하는 방법을 5가지 서술하시오. [7점]

❹

❺

03 다음 수 배열표를 보고 찾을 수 있는 규칙을 7가지 서술하시오. [7점]

1									
1	1								
1	2	1							
1	3	3	1						
1	4	6	4	1					
1	5	10	10	5	1				
1	6	15	20	15	6	1			
1	7	21	35	35	21	7	1		
1	8	28	56	70	56	28	8	1	
1	9	36	84	126	126	84	36	9	1

①

②

③

④

⑤

⑥

⑦

04 정삼각형을 모양과 크기가 같게 3등분 할 수 있는 방법을 10가지 그리시오. [7점]

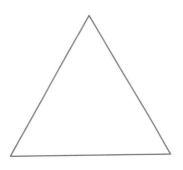

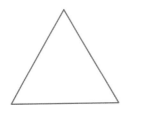 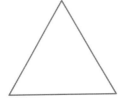 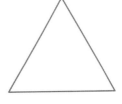 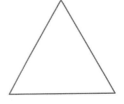

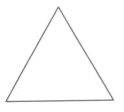 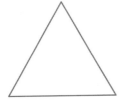 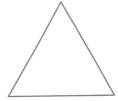 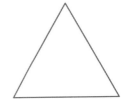

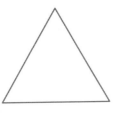 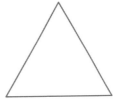

영재성검사
창의적 문제해결력

05 팔린드롬이란 수학에서의 좌우 대칭과 같이 앞에서부터 읽거나 뒤에서부터 읽어도 같은 말이 되는 단어나 문장을 말합니다. '토마토', '기러기'와 같은 팔린드롬 단어나 문장을 10가지 쓰시오. [7점]

❶

❷

❸

❹

❺

❻

❼

❽

❾

❿

06 A, B, C 세 종류의 물질이 각각 20개, 21개, 22개가 있다. 다음과 같이 서로 다른 종류의 2개의 물질을 합하면 새로운 1개의 물질이 된다고 한다. 모든 물질이 서로 여러 번 결합하여 마지막 하나의 물질만 남았다고 할 때, 어떤 종류의 물질이 남았는지 구하고 풀이 과정을 서술하시오. [5점]

$$B + C \rightarrow A, \quad A + C \rightarrow B, \quad A + B \rightarrow C$$

남은 물질

풀이 과정

07 다음 기사를 읽고 물음에 답하시오.

[기사]

흔히 '인체 비례도'라고도 알려져 있는 '비트루비우스적 인간'은 레오나르도 다 빈치가 그린 그림이다. 이 작품은 고대 로마의 건축가 비트루비우스가 쓴 「건축 10서」라는 책에 '인체에 적용되는 비례의 규칙을 신전 건축에 사용해야 한다.'고 되어 있는 부분을 읽고 다 빈치가 그렸다고 전해지고 있다. 하지만 다 빈치는 비트루비우스가 말한 고대의 인체 비례를 그대로 받아들이지 않았다. 실제로 사람을 측정한 결과를 기준으로 머리에서 발끝까지 정확한 신체 비례를 바탕으로 그림을 그렸다. 아름다운 비율에 대한 다 빈치의 깊은 관심은 그가 아름다운 명작을 남기는 데 큰 역할을 하였다.

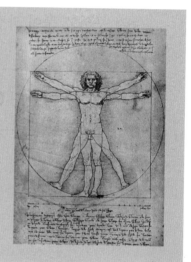

(1) 인체 비례도는 황금비율을 설명하는 데 종종 사용되는 그림이다. 다음은 가로와 세로의 길이가 황금비율을 이루는 황금사각형이다. 황금비율이 1:1.618이고, 세로의 길이가 4.5 cm일 때, 가로의 길이를 구하시오. [3점]

4.5 cm

(2) 인간의 신체에서 찾을 수 있는 수학적 원리를 10가지 서술하시오. [7점]

❶

❷

❸

❹

❺

❻

❼

❽

❾

❿

영재성검사
창의적 문제해결력

08 쥐들은 항상 고양이에게 잡힐까봐 걱정했다. 어느 날, 쥐들은 회의 끝에 고양이 목에 방울을 달기로 했다. 쥐가 고양이 목에 방울을 달 수 있는 방법을 5가지 서술하시오.
[7점]

❶

❷

❸

❹

❺

09 다음은 이솝우화의 일부분이다. 이 이야기를 통해 작가가 전달하고자 하는 것을 2가지 서술하시오. [7점]

> 향긋한 포도 냄새를 맡은 여우는 포도나무 아래서 포도를 따 먹으려고 껑충 뛰어올랐다. 하지만 아무리 뛰어올라도 포도나무가 너무 높아서 포도를 따 먹을 수 없었다. 여러 번 뛰어오르다 포도를 따 먹을 수 없다는 것을 안 여우는 '에잇, 저까짓 신 포도는 안 먹을 테야.'하며 돌아섰다.

❶

❷

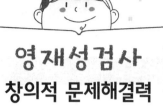

10 달은 지구 주위를 도는 위성이다. 달이 없어졌을 때 지구에 나타날 수 있는 변화를
5가지 서술하시오. [7점]

❶

❷

❸

❹

❺

11 다음은 닭 콜레라 백신을 발견한 실험 과정을 정리한 것이다. 이 실험 과정을 통해 알 수 있는 사실을 5가지 서술하시오. [7점]

> ① 닭 콜레라에 걸린 닭의 피를 채취하여 닭 콜레라균을 배양하였다.
>
> ② 배양한 닭 콜레라균을 10마리의 닭에게 먹인 결과 모두 닭 콜레라에 걸려 죽었다.
>
> ③ 사용하고 남은 콜레라균이 섞인 먹이를 며칠간 방치한 후 10마리의 닭에게 먹였더니 4마리만 닭 콜레라에 걸려 죽었다.
>
> ④ 몇 주간 방치한 콜레라균이 섞인 먹이를 10마리의 닭에게 먹였더니 모두 가벼운 닭 콜레라 증세를 보인 후 회복되었다.
>
> ⑤ 가벼운 닭 콜레라 증세를 보인 후 회복된 닭에게 닭 콜레라균을 주사하였더니 모두 닭 콜레라에 걸리지 않았다.

❶

❷

❸

❹

❺

영재성검사
창의적 문제해결력

12 입구가 좁은 병 속에 껍질을 깐 삶은 달걀을 넣을 수 있는 방법을 5가지 서술하시오.
[7점]

 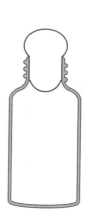

❶

❷

❸

❹

❺

13 전주시는 찜통더위에 시내 간선 도로에 가로수를 심는 수목 이식 사업을 진행하다 시민들의 지적을 받았다. 수목 이식은 주로 봄과 가을에 한다. 여름에 수목 이식을 하면 안 되는 이유를 서술하시오. [5점]

영재성검사 창의적 문제해결력

14 다음 기사를 읽고 물음에 답하시오.

[기 사]

2017년 6월 9일, 강원도 인제군 야산에서 북한의 것으로 추정되는 길이 1.8 m, 폭 2.4 m 무인기가 발견되었다. 이 무인기는 경북 성주 북쪽 수 km부터 촬영해 사드 배치 지역 수 km까지 갔다가 회항하던 중 추락한 것으로 보인다. 무인조종기는 조종사가 탑승하지 않고도 적군을 파악하고 폭격하는 등 지정된 임무를 수행할 수 있도록 제작한 비행체로 드론의 한 종류이다. 드론은 2000년대 초반에 군사용 무인 항공기로 개발되었고, 이후 정찰기와 군사용 무기로 활용되었다. 드론은 비행기처럼 날개가 고정된 고정익기와 헬리콥터처럼 날개가 회전하는 회전익기가 있다.

(1) 다음은 헬리콥터처럼 날개가 회전하는 멀티콥터 중 날개가 4개인 쿼드콥터 드론이다. 쿼드콥터의 마주보는 프로펠러는 같은 방향으로 회전하고 이웃하는 프로펠러는 서로 반대 방향으로 회전한다. 쿼드콥터 드론이 몸체가 회전하지 않고 제자리에서 수직으로 상승하는 원리를 서술하시오. [3점]

(2) 드론을 활용할 수 있는 방법을 5가지 서술하시오. [7점]

❶

❷

❸

❹

❺

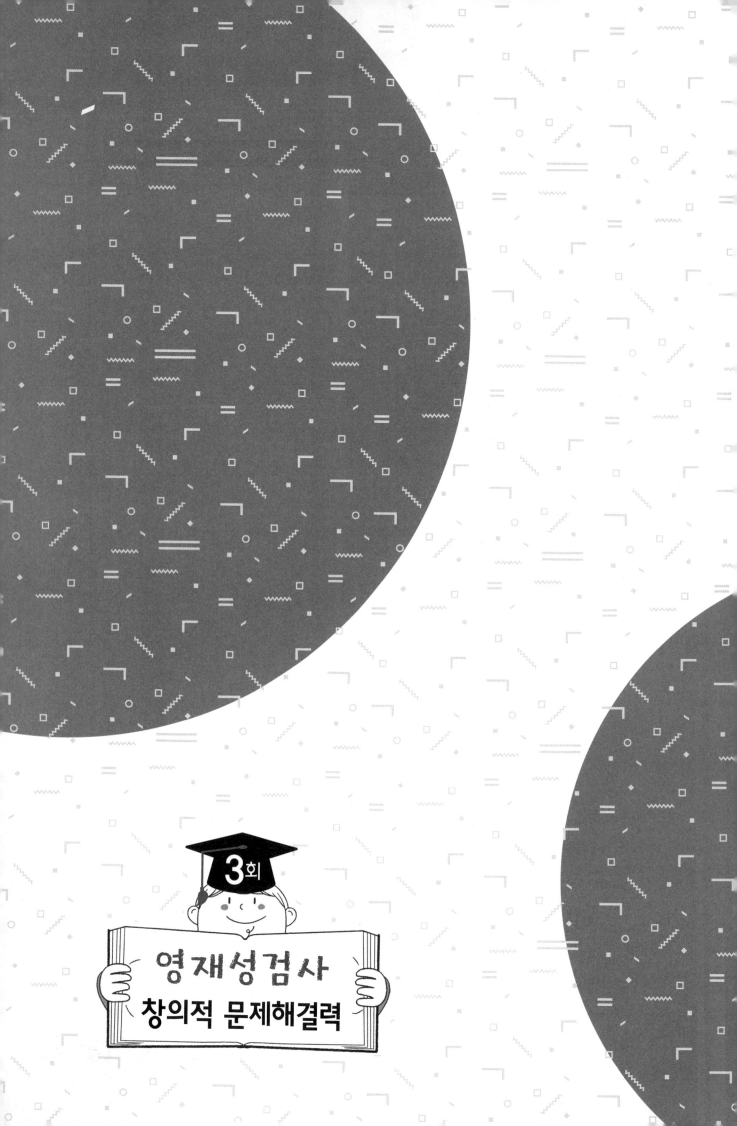

영재성검사

3회

창의적 문제해결력

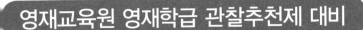

영재성검사
창의적 문제해결력
모의고사

4회

중학교　　　학년　　　반　　　번

성 명　　　　　　　　　　지원 부문

- 시험 시간은 총 90분입니다.
- 문제가 1번부터 14번까지 있는지 확인하시오.
- 문제지에 학교, 학년, 반, 번, 성명, 지원 부문을 쓰시오.
- 문항에 따라 배점이 다릅니다. 각 물음의 끝에 표시된 배점을 참고하시오.
- 필기구 외에는 계산기 등을 일체 사용할 수 없습니다.

제한시간 : **90분**

영재성검사
창의적 문제해결력

01 월요일 아침, 학교로 가는 도로에 자동차가 한 대도 보이지 않았다. 그 이유를 5가지 서술하시오. [7점]

①

②

③

④

⑤

02 코끼리를 냉장고에 넣을 수 있는 방법을 10가지 서술하시오. [7점]

❶

❷

❸

❹

❺

❻

❼

❽

❾

❿

03 다음은 어느 해 여름 신문 기사의 일부이다. 밑줄 친 인파를 추정할 수 있는 방법을 5가지 서술하시오. [7점]

> 강원 영동 지역에 무더위가 지속되고 있는 가운데 지난 5일 전국의 수많은 관광객들이 휴가를 즐기러 동해안 해수욕장을 찾아 더위를 식혔다. 강원도에 따르면 지난 5일 해수욕장을 찾은 <u>피서객 수는 총 214만 9,819명</u>으로 삼척이 62만 1,142명으로 가장 많았고, 강릉 43만 8,330명, 양양 41만 177명, 고성 28만 1,389명, 동해 27만 280명, 속초 12만 8,501명 순이었다.

❶

❷

❸

❹

❺

04 다음 그림이 어떤 물건의 전체 또는 일부분일 때, 그 물건이 될 수 있는 것을 20가지 쓰시오. [7점]

❶   ⑪

❷   ⑫

❸   ⑬

❹   ⑭

❺   ⑮

❻   ⑯

❼   ⑰

❽   ⑱

❾   ⑲

❿   ⑳

영재성검사
창의적 문제해결력

05 다음 그림은 12개의 점을 같은 간격으로 배열한 점판이다. 이 점판 위에 네 점을 꼭짓점으로 하는 평행사변형을 그릴 때, 두 대각선의 길이가 다른 평행사변형을 모두 그리시오. [7점]

06 [조건]에 맞게 수를 나열할 때, 빈칸에 알맞은 수를 써넣으시오. [5점]

[조건]

① 1에서 5까지의 수만 사용한다.

② 가로, 세로, 대각선에는 1, 2, 3, 4, 5가 한 번씩만 들어가야 한다.

2	5			4
1			5	3
4	2			
	1		2	5

영재성검사
창의적 문제해결력

07 다음 기사를 읽고 물음에 답하시오.

[기 사]

빅데이터란 디지털 환경에서 생성되는 데이터로, 규모가 방대하고 생성 주기가 짧으며, 수치 데이터뿐 아니라 문자와 영상 데이터를 포함하는 대규모 데이터를 말한다. 오늘날 우리는 원하는 정보를 검색하고 원하는 동영상을 시청하며, 자신이 간 장소를 SNS를 통해 공유하는 것과 같이 다양한 정보를 소비하고 생산한다. 이를 분석해

사람들이 원하는 정보를 제공하고 경제적 이익을 창출할 수도 있다. 이러한 빅데이터 환경은 과거보다 데이터의 양이 폭증했다는 점과 함께 데이터의 종류도 다양해져 여러 가지 방법으로 분석되고 활용될 전망이다.

(1) 유료였던 내비게이션 프로그램인 T-내비게이션은 2016년부터 무료로 바뀌어 누구든 사용할 수 있게 되었다. 유료였던 이 프로그램이 무료로 바뀐 이유를 빅데이터와 관련지어 서술하시오. [3점]

(2) 실생활에서 빅데이터가 활용되는 경우를 5가지 서술하시오. [7점]

❶

❷

❸

❹

❺

08 다음은 높은 곳에서 아래를 내려다보고 찍은 사진의 모습인데 너무 멀리서 찍어 점으로만 보인다. 어떤 모습을 찍은 것인지 5가지 쓰시오. [7점]

❶

❷

❸

❹

❺

09 다음 글을 읽고 왕의 아들의 눈을 뽑지 않을 수 있는 방법을 5가지 서술하시오.
[7점]

> 어느 나라의 왕이 새로운 법을 만들어 '모든 백성이 이 법을 지켜야 할 것이다. 만약 이 법을 지키지 않을 경우 지위 여하를 떠나 벌로 두 눈을 뽑겠다.'라고 발표했다. 백성들은 이 형벌이 두려워 그 법을 잘 지켰다. 어느 날 그 법을 어긴 범죄자를 한 사람 잡았다. 잡혀 온 사람은 다름 아닌 왕의 하나뿐인 아들이었다.

❶

❷

❸

❹

❺

10 다음 글을 읽고 한반도의 기온이 상승함으로써 실생활에 미치는 영향을 10가지 서술하시오. [7점]

때 이른 폭염이 나타나고, 예측할 수 없는 집중 호우가 빈번하게 발생하는 기상 재해를 겪으며 요즘 날씨가 예전 같지 않다고 생각하는 사람들이 많다. 한반도의 기온은 지난 약 150년간 1~8 ℃ 상승하였는데, 이것은 세계 평균의 2배가 넘는다고 한다. 현재와 같은 추세로 온실가스를 배출한다면 2100년에는 세계 평균기온이 3.7 ℃, 한반도는 5.7 ℃ 상승하리라 전망된다. 이러한 기후 변화는 기상 재해, 생태계 변화 등의 원인이 되어 인간에게 큰 영향을 줄 것이다.

❶

❷

❸

❹

❺

❻

❼

❽

❾

❿

11 얼음물의 얼음이 잘 녹지 않도록 하는 방법을 5가지 서술하시오. [7점]

❶

❷

❸

❹

❺

12 자동차를 타고 가다가 갑자기 브레이크를 밟으면 몸이 앞으로 쏠린다. 이와 같은 과학적 원리의 예를 10가지 서술하시오. [7점]

①

②

③

④

⑤

⑥

⑦

⑧

⑨

⑩

13 지구의 나이는 46억, 가장 오래된 대륙 지각의 나이는 38억, 가장 오래된 해양 지각의 나이는 2억이다. 해양 지각의 나이가 대륙 지각의 나이보다 적은 이유를 서술하시오. [5점]

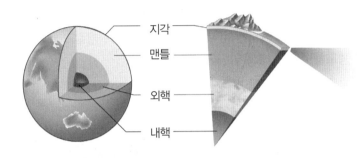

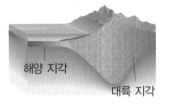

영재성검사
창의적 문제해결력

14 다음 기사를 읽고 물음에 답하시오.

[기 사]

농촌 진흥청에서 식물을 대상으로 실내 초미세먼지 제거 효과를 실험한 결과, 산호수와 벵갈고무나무가 초미세먼지 흡수에 탁월하다는 연구결과를 언론을 통해 발표했다. 2.5 µm 이하의 초미세먼지를 가득 채운 3개의 유리 공간에 각각 일반식물, 산호수, 벵갈고무나무를 놓고 4시간 뒤 초미세먼지의 농도를 측정했더니 일반식물은 44 % 줄어든 반면, 산호수를 들여 놓은 방은 70 %, 벵갈고무나무가 있던 방은 67 % 줄어들었다. 식물이 흡수한 초미세먼지, 벤젠, 톨루엔, 포름알데히드 같은 유해 휘발성 화학 물질은 뿌리로 배출된다. NASA에서도 장시간 우주여행 시 우주선 안의 유해 휘발성 화합 물질을 제거하고 공기 정화를 위해 식물을 이용한다.

▲ 산호수　　▲ 벵갈고무나무

(1) 식물이 초미세먼지를 제거하는 원리를 서술하시오. [3점]

(2) 식물이 공기 중 초미세먼지를 제거해 주지만 미세먼지와 초미세먼지는 식물에게 좋지 않은 영향을 준다. 미세먼지와 초미세먼지가 많은 곳에서 식물을 건강하게 키울 수 있는 방법을 5가지 서술하시오. [7점]

❶

❷

❸

❹

❺

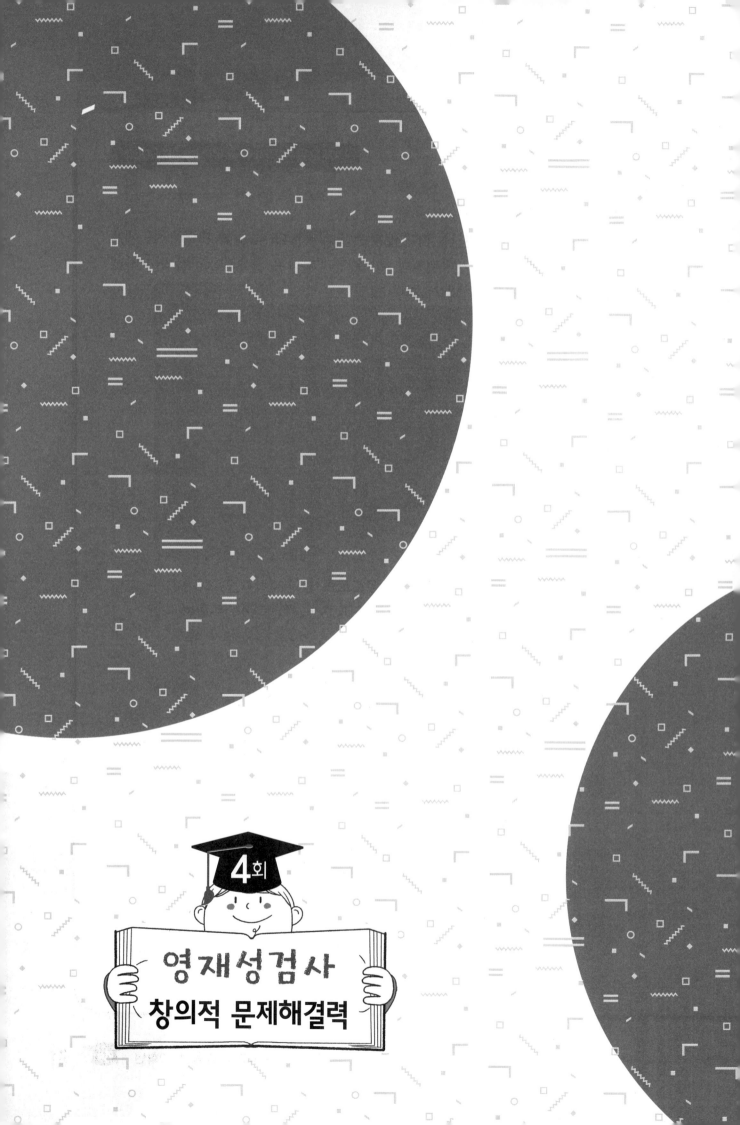

4회

영재성검사

창의적 문제해결력

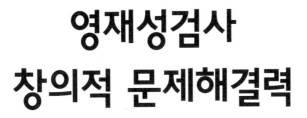

영재성검사
창의적 문제해결력

기출문제

영재성검사 창의적 문제해결력

01 아래와 같은 규칙에 따라 문제를 풀려고 한다. 다음 물음에 답하시오.

[규칙]

T → TH

H → HT

(1) (가)에 들어갈 문자를 쓰시오.

TH → THHT → (가)

(2) 다음 문자는 어떤 문자를 [규칙]에 따라 바꾼 결과이다. 처음 시작한 문자의 개수가 최소일 때 그 문자가 무엇인지 구하시오.

H T T H T H H T

02 〈그림 1〉과 같이 모든 방의 네 벽에는 출입구가 있고, 일부의 방에는 / 또는 \ 모양의 가림판이 있다. 로봇은 1번 출입구를 통해 방으로 들어가고, 점선을 따라 [규칙]에 맞게 이동한다. 다음 물음에 답하시오.

[규칙]

① 로봇은 가림판을 통과할 수 없다.

② 로봇은 가림판을 만났을 때만 좌회전 또는 우회전한다.

③ 로봇이 각 방의 출입구를 통과하는 순간마다 모든 방의 가림판은 동시에 모양이 바뀐다. / 모양의 가림판은 \ 모양으로, \ 모양의 가림판은 / 모양으로 바뀐다.

④ 〈그림 1〉과 같이 가림판이 있을 때, 로봇은 1번 출입구로 들어가서 9번 출입구로 나온다.

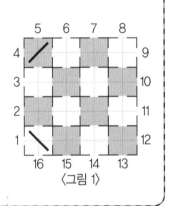
〈그림 1〉

(1) 〈그림 2〉와 같이 8개의 가림판이 있을 때 로봇이 나오는 출입구 번호를 찾으시오.

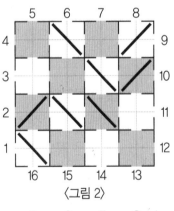
〈그림 2〉

(2) 〈그림 3〉과 같이 2개의 가림판이 있을 때, 4개의 가림판을 추가하여 로봇이 6개의 가림판을 적어도 한 번씩 모두 만난 후 7번 출입구로 나오도록 하려고 한다. 추가로 설치해야 하는 4개의 가림판을 〈그림 3〉에 그리시오. (단, 방 하나에 가림판을 2개 이상 설치할 수 없다.)

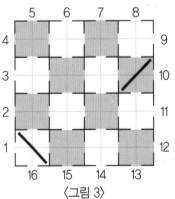
〈그림 3〉

영재성검사 창의적 문제해결력

03 꽃이 형성되는 원리를 카드를 이용하여 설명하려고 한다. 다음과 같은 특징을 가진 꽃 모양을 만들기 위한 카드 배치를 그리시오.

〈꽃이 형성되는 원리〉

(가) 꽃은 대부분 꽃받침, 꽃잎, 수술, 암술을 모두 갖지만 종류에 따라 네 가지 구조를 모두 갖지 않는 경우도 있으며, 단면은 중앙선을 기준으로 좌우 대칭이다.

(나) 꽃의 각 구조로 변화하는 규칙

① 꽃의 단면 구조는 8장의 잎이 변화되어 형성된다.

② 잎의 변화를 결정하는 카드는 A, B, C가 있다.

③ 잎 한 장당 카드를 놓을 수 있는 칸이 두 칸 있고 1층에는 A와 C 카드 중 1개를, 2층에는 B 카드를 넣을 수 있다.

④ A 카드만 있으면 잎은 꽃받침으로, A 카드와 B 카드가 있으면 잎은 꽃잎으로, C 카드와 B 카드가 있으면 잎은 수술로, C 카드만 있으면 잎은 암술로 변한다.

〈꽃의 특징〉

· 암술과 꽃받침은 각각 한 쌍이 있다.

· 암술은 꽃의 가장 안쪽에 있다.

· 수술은 없고 꽃잎이 수술의 자리를 대신한다.

· 꽃받침은 가장 바깥쪽에서 꽃 전체를 보호한다.

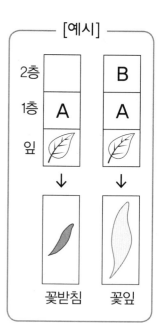

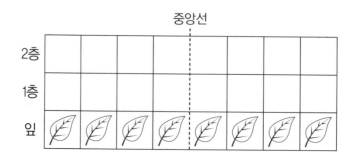

중앙선

04 2520을 서로 다른 한 자리 자연수 5개의 곱으로 나타내는 모든 경우를 구하시오.
(단, 2×3, 3×2와 같이 순서만 바뀐 경우는 같은 것으로 생각한다.)

05 카드가 바닥에서부터 1, 2, 3, …, 10의 순서로 쌓여 있다. 다음과 같은 과정을 몇 번 반복하면 처음과 같은 순서로 카드가 쌓이는지 구하시오.

1부터 10까지의 수가 하나씩 적힌 10장의 카드를 바닥에서부터 1, 2, 3, …, 10의 순서로 쌓았다. 위에서부터 5장은 오른손에, 나머지 5장은 왼손에 각각 들고, 오른손을 시작으로 번갈아가며 양손의 아래쪽 카드를 1장씩 바닥에 내려놓는다. 그러면 바닥에서부터 6, 1, 7, 2, 8, 3, 9, 4, 10, 5의 순서로 쌓이게 된다.

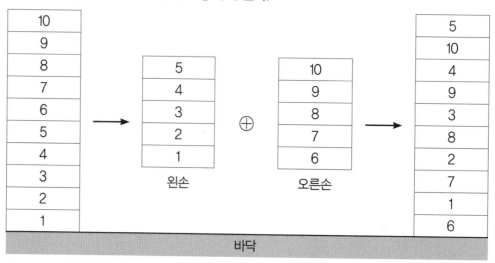

06 수질 오염이나 지구 기후 변화로 인해 앞으로 물 부족 문제는 더욱 심각해질 것이다. 다음 물음에 답하시오.

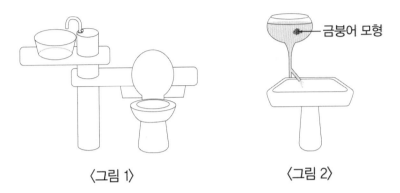

〈그림 1〉　　　　　　　　　　〈그림 2〉

(1) 〈그림 1〉과 〈그림 2〉는 물을 절약할 수 있는 세면대 아이디어이다. 표를 완성하시오.

구분	아이디어 설명	장점	단점
〈그림 1〉			
〈그림 2〉			

(2) (1)번에서 제시한 단점을 보완하여 창의성, 경제성, 실용성 측면에서 효과적인 새로운 물을 절약할 수 있는 세면대 아이디어를 설계하시오.

발명품명	
발명품 설명과 그림	
발명품의 평가	창의성
	경제성
	실용성

영재성검사
창의적 문제해결력

07 A 지역과 B 지역은 같은 위도에 있지만 해류의 영향을 받기 때문에 서로 기온이 다르다. 만약 지구 온난화로 인해 빙하가 녹으면 A 지역의 기온은 어떻게 변하게 될지 해류와 해수의 순환을 사용하여 서술하시오.

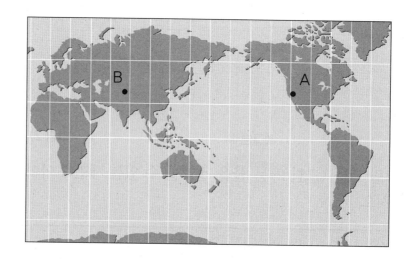

08 다음은 M 바이러스가 전파되는 규칙이다. 아홉 명이 함께 사는 마을에 두 명이 동시에 보균자가 되었는데, 한 명은 첫 번째 그림에서 표시된 사람이고, 다른 한 명은 누구인지 모른다. 보균자 발생 후 21일째가 되는 날 이 마을 사람 중 다섯 명의 사망자가 발행했다. 다른 한 명의 보균자는 누구인지 첫 번째 그림에 표시하고, 21일째 마을의 감염 상태를 두 번째 그림에 그리시오.

[규칙]

① 건강한 사람, 보균자, 감염자, 사망자를 각각 정사각형 하나에 다음과 같이 표시한다.

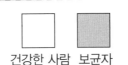

② 건강한 사람이 M 바이러스에 감염되면, 7일 동안 잠복기를 갖는 보균자가 된다.

③ 7일간의 잠복기 기간이 지난 보균자는 M 바이러스를 전파하는 감염자가 된다.

④ 감염자는 자신의 상하좌우에 있는 사람에게 매주 M 바이러스를 감염시킨다.

⑤ 감염자가 된 지 7일 후 다른 두 사람으로부터 동시에 M 바이러스에 감염되면 사망한다.

⑥ 보균자 또는 감염자를 따로 격리하면 바이러스를 주변에 감염시키지 않는다.

〈예〉 네 사람이 사는 작은 마을에서 M 바이러스가 전파되는 감염 경로

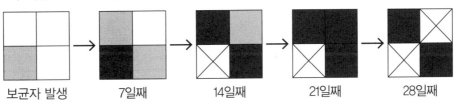

다른 한 명의 보균자 표시

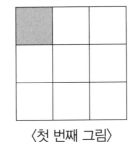

〈첫 번째 그림〉

21일째 되는 날의 감염 상태

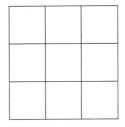

〈두 번째 그림〉

09 A, B, C, D, E 다섯 명의 학생이 10문제의 O, × 시험을 치른 결과, 각자의 답안을 표로 나타내었더니 다음과 같았다. (단, O, × 시험은 O와 × 중에서 반드시 한 개를 선택해야 한다.)

학생＼문항번호	1	2	3	4	5	6	7	8	9	10	정답 수
A	O	O	×	×	×	×	O	×	O	O	7개
B	O	×	O	×	O	O	×	×	×	O	7개
C	×	O	O	×	×	O	O	O	×	×	7개
D	O	O	×	O	O	×	O	×	×	×	?
E	O	×	×	O	O	O	×	O	O	O	?

A, B, C 세 명이 맞힌 정답의 수는 모두 7개씩이라고 할 때, 아래의 정답표를 완성하고, D, E가 맞힌 문항번호와 정답의 수를 각각 구하시오.

문항번호	1	2	3	4	5	6	7	8	9	10
정답										

10 다음 규칙에 따라 사다리 타기 게임을 할 때, 위쪽과 아래쪽이 같은 문자끼리 연결되는 사다리 타기 게임판을 만들려고 한다. 이때 필요한 가로선의 가장 작은 개수를 구하시오.

┌─ [게임 규칙] ────────────────────────────────
│ ① 3개 이상의 선이 한 점에서 만나지 않는다.
│ ② 높이가 같은 가로선을 연속으로 그을 수 없다.
│ ③ 서로 이웃한 세로선만 가로선으로 연결할 수 있다.
│ ④ 사다리를 탈 때 세로선을 따라 위에서 아래로 내려가고, 내려가다 가로선을 만나
│   면 그 가로선을 따라 바로 옆의 세로선으로 이동하여 다시 아래로 내려간다.
│ ⑤ 한 번 지나간 길은 되돌아올 수 없다.
└──

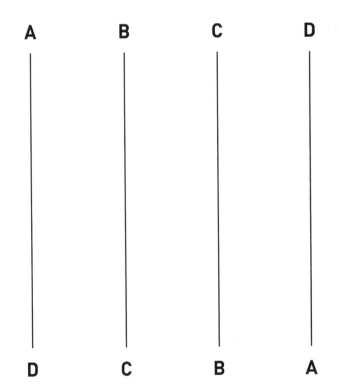

11 다음 글을 읽고 우주쓰레기를 줄일 수 있는 방안을 3가지 서술하시오.

> 우주쓰레기는 수명을 다한 인공위성과 위성을 쏘아 올리는 데 사용된 로켓, 이들끼리 부딪쳐 발생한 파편 등을 말한다. 유럽우주국(ESA)에서는 지구 주변에 우주쓰레기가 약 2억 개 정도 있을 것으로 추정하고 있다. 우주쓰레기로 인한 충돌로 인공위성과 우주선의 심각한 피해가 예상되고 있다.

❶

❷

❸

12 국내의 한 기업은 '빼는 것이 플러스다.'라는 슬로건을 내세워 가격에 거품은 빼고, 가성비는 더한다는 전략으로 가격이 저렴하면서도 품질이 좋은 제품을 판매하여 소비자들로부터 큰 인기를 끌었다. '~빼면(−) ~ 플러스(+)다.'라는 문구를 넣어 사람들에게 긍정적인 영향을 주는 문장을 5가지 서술하시오.

> ─[예시]─
>
> 가격에 거품을 빼면 판매량이 플러스다.

❶

❷

❸

❹

❺

13 다음 글을 읽고 기준 (가)와 (나)로 옳은 것을 3가지 쓰시오.

다음은 몇 가지 원소의 성질을 나타낸 카드이다.

원소 카드	원소 카드	원소 카드	원소 카드	원소 카드
이름 : 마그네슘 금속 원소 상태(STP) : 고체 반지름(pm) : 145 전기음성도 : 1.31 밀도(g/cm³) : 1.74	이름 : 베릴륨 금속 원소 상태(STP) : 고체 반지름(pm) : 125 전기음성도 : 1.57 밀도(g/cm³) : 1.84	이름 : 탄소 비금속 원소 상태(STP) : 고체 반지름(pm) : 77 전기음성도 : 2.55 밀도(g/cm³) : 2.25	이름 : 플루오린 비금속 원소 상태(STP) : 기체 반지름(pm) : 71 전기음성도 : 3.98 밀도(g/cm³) : 0.00171	이름 : 나트륨 금속 원소 상태(STP) : 고체 반지름(pm) : 154 전기음성도 : 0.93 밀도(g/cm³) : 0.97

원소 카드	원소 카드	원소 카드	원소 카드	원소 카드
이름 : 질소 비금속 원소 상태(STP) : 기체 반지름(pm) : 75 전기음성도 : 3.04 밀도(g/cm³) : 0.00125	이름 : 리튬 금속 원소 상태(STP) : 고체 반지름(pm) : 134 전기음성도 : 0.98 밀도(g/cm³) : 0.53	이름 : 알루미늄 금속 원소 상태(STP) : 고체 반지름(pm) : 130 전기음성도 : 1.61 밀도(g/cm³) : 2.69	이름 : 수소 비금속 원소 상태(STP) : 기체 반지름(pm) : 37 전기음성도 : 2.2 밀도(g/cm³) : 0.00009	이름 : 산소 비금속 원소 상태(STP) : 기체 반지름(pm) : 73 전기음성도 : 3.44 밀도(g/cm³) : 0.00143

그림은 제시된 원소를 기준 (가)와 (나)로 분류한 벤다이어그램이다.

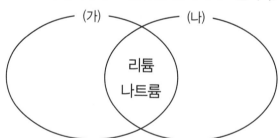

구분	기준 (가)	기준 (나)
1		
2		
3		

14 다음 글을 읽고 물음에 답하시오.

> 한국도로공사는 도로 위 곡선 구간에 다음 그림과 같은 흰색 가로 점선을 표시했다. 이것은 과속 단속 카메라를 설치할 수 없는 곳에서 넛지효과*를 이용한 교통사고 방지 시설물이다.
>
>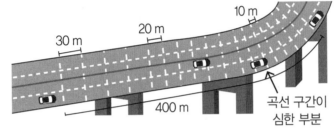
>
> * 넛지효과 : '옆구리를 슬쩍 찌른다.'는 뜻으로 강요에 의하지 않고 유연하게 개입함으로써 선택을 유도하는 방법

(1) 위 도로의 흰색 가로 점선은 곡선이 심해질수록 간격이 좁아진다. 흰색 가로 점선을 그렸을 때 교통사고 예방 효과가 있는 이유를 서술하시오.

(2) 넛지효과를 이용하면 강요나 처벌에 의하지 않고 자연스럽게 운전자의 안전 운전을 유도할 수 있다. 도로 위에서 자동차 사이에 발생하는 교통사고를 자연스럽게 줄이는 방법을 3가지 서술하시오.

(3) 도로의 횡단보도에는 차량이 멈춰야 하는 정지선이 있다. 정지선을 지키지 않아 차량과 보행자가 부딪히는 사고를 방지하기 위해 운전자가 스스로 정지선을 지키도록 유도하려고 한다. 이를 위한 방법을 3가지 서술하시오.

기출

영재성검사

창의적 문제해결력

영재교육의 모든 것!
SD에듀가 상위 1%의 학생이 되는 기적을 이루어 드립니다.

안쌤 **안재범**

수달쌤 **이상호**

수박쌤 **박기훈**

영재교육 프로그램

| 프로그램 1 | 창의사고력 대비반 | 프로그램 2 | 영재성검사 모의고사반 | 프로그램 3 | 면접 대비반 | 프로그램 4 | 과고·영재고 합격완성반 |

수강생을 위한 프리미엄 학습 지원 혜택

영재맞춤형
최신 강의 제공

영재로 가는 필독서
최신 교재 제공

핵심만 담은
최적의 커리큘럼

PC + 모바일
무제한 반복 수강

스트리밍 & 다운로드
모바일 강의 제공

쉽고 빠른 피드백
카카오톡 실시간 상담

*SD*에듀 **안쌤 영재교육연구소** | www.sdedu.co.kr

SD에듀가 준비한
특별한 학생을 위한
최상의 학습
시리즈

안쌤의 사고력 수학 퍼즐 시리즈

①
- 14가지 교구를 활용한 퍼즐 형태의 신개념 학습서
- 집중력, 두뇌 회전력, 수학 사고력 동시 향상

안쌤의 STEAM + 창의사고력
수학 100제, 과학 100제 시리즈

②
- 영재교육원 기출문제
- 창의사고력 실력다지기 100제
- 초등 1~6학년

안쌤과 함께하는
영재교육원 면접 특강

⑧
- 영재교육원 면접의 이해와 전략
- 각 분야별 면접 문항
- 영재교육 전문가들의 연습문제

스스로 평가하고 준비하는! 대학부설·교육청
영재교육원 봉투모의고사 시리즈

⑦
- 영재교육원 집중 대비·실전 모의고사 3회분
- 면접 가이드 수록
- 초등 3~6학년, 중등

영재성검사
창의적
문제해결력
모의고사

중등
1~2
학년

정답 및 해설

SD에듀
시대교육(주)

이 책의 차례

영재성검사
창의적 문제해결력
모의고사

평가 가이드

1 구성 및 채점표

2 문항별 채점 기준

평가 가이드
문항 구성 및 채점표

평가 영역 문항	창의성		사고력		융합 사고력	
	유창성, 융통성	독창성	수학 사고력	과학 사고력	문제 파악 능력	문제 해결 능력
01	점	점				
02	점	점				
03	점					
04	점					
05	점					
06			점			
07					점	점
08	점	점				
09	점					
10	점	점				
11	점	점				
12	점					
13				점		
14					점	점

평가 영역별 점수	유창성, 융통성	독창성	수학 사고력	과학 사고력	문제 파악 능력	문제 해결 능력
	창의성		사고력		융합 사고력	
	/ 70점		/ 10점		/ 20점	
			총점			

● 평가 결과에 따른 학습 방향

창의성

50점 이상	보다 독창성 있는 아이디어를 내는 연습을 하세요.
35~49점	다양한 관점의 아이디어를 더 내는 연습을 하세요.
35점 미만	적절한 아이디어를 더 내는 연습을 하세요.

사고력

| 6점 이상 | 교과 개념과 연관된 응용문제로 문제 적응력을 기르세요. |
| 6점 미만 | 틀린 문항과 관련된 교과 개념을 다시 공부하세요. |

융합 사고력

15점 이상	답안을 보다 구체적으로 작성하는 연습을 하세요.
10~14점	문제 해결 방안의 아이디어를 다양하게 내는 연습을 하세요.
10점 미만	실생활과 관련된 기사로 수학·과학적 사고를 확장하는 연습을 하세요.

⓪① 창의성

평가 영역	일반 창의성
사고 영역	유창성, 융통성, 독창성

예시답안

① 철로 만든 물체와 자석 테이블 : 물체가 고정되지 않으므로 물체를 철로 만들고 테이블은 자석으로 만들어서 물체를 테이블 위에 고정한다.

② 추진 장치가 달린 옷 : 빠르게 이동하기 위해서는 날아다니는 것이 편리하므로 옷에 추진 장치를 단다.

③ 고정 걸이 : 물체가 떠오르는 것을 막기 위해 바닥에 고정할 수 있는 장치를 만든다.

④ 원심력 발생 장치 : 관람차와 같이 원운동하는 장치를 만들어 원심력으로 바닥에 붙어서 생활할 수 있도록 한다.

⑤ 중력 발생 장치 : 바닥에 붙어서 편하게 생활할 수 있도록 중력 발생 장치를 만든다.

⑥ 물건을 보관할 수 있는 서랍장 : 물건이 떠다닐 수 있으므로 서랍장에 물건을 보관한다.

⑦ 가속도 질량 측정 도구 : 분동을 사용하지 않고 가속도를 이용하여 질량을 측정한다.

해설

국제 우주정거장에 머무르는 우주인들에게 지구와 좀 더 유사한 주거 환경을 제공하기 위해 주거 모듈에 인공 중력을 만드는 원심분리기를 설치할 예정이다.

채점 기준   총체적 채점

유창성, 융통성(5점) : 적절한 아이디어의 수와 범주
* 중력이 없을 때 필요한 장치나 제품으로 적절한 것만 아이디어로 평가한다.
* 같은 아이디어가 반복되는 경우 1개의 아이디어로 평가한다.
* 적절한 아이디어라고 여겨지는 것의 수를 세어 다음 기준에 따라 점수를 부여한다.

아이디어의 수	점수
1개	1점
2개	2점
3개	3점
4개	4점
5개	5점

독창성(2점) : 아이디어가 얼마나 독특하고 창의적인가?
* 유창성, 융통성 점수를 받은 아이디어에 한해서 독창성 채점을 한다.
* 학생들의 답안을 토대로 흔한 아이디어 목록을 구성하고, 그에 포함되지 않는 아이디어의 수를 세어 다음 기준에 따라 점수를 부여한다.

아이디어의 수	점수
1개	1점
2개 이상	2점

02 창의성

평가 영역	일반 창의성
사고 영역	유창성, 융통성, 독창성

예시답안

① 장사가 잘 되는 시간이 언제인지 살펴본다.

② 사람들이 많이 지나다니는 장소가 어디인지 알아본다.

③ 사람들이 좋아하는 재료가 무엇인지 알아본다.

④ 다양한 메뉴를 준비해 사람들이 여러 가지 메뉴를 맛볼 수 있도록 한다.

⑤ 샌드위치 판매대에 어려운 친구를 돕기 위한 모금함을 만든다.

⑥ 샌드위치와 함께 먹을 수 있는 음료를 함께 판매한다.

⑦ 들고 다니면서 먹을 수 있도록 포장한다.

⑧ 많은 사람이 기억할 수 있도록 독특한 간판을 만든다.

⑨ 재료비를 줄이기 위해 도매 시장에서 재료를 구매한다.

⑩ 만드는 시간을 최소화하기 위해 각자 담당할 역할을 정한다.

⑪ 샌드위치 장사를 통해 성금을 모은다는 것을 홍보한다.

⑫ 샌드위치에 들어가는 재료의 유통기한을 확인한다.

채점 기준   총체적 채점

유창성, 융통성(5점) : 적절한 아이디어의 수와 범주

* 샌드위치 장사를 할 때 고려해야 할 것으로 적절한 것만 아이디어로 평가한다.

* 같은 아이디어가 반복되는 경우 1개의 아이디어로 평가한다.

* 적절한 아이디어라고 여겨지는 것의 수를 세어 다음 기준에 따라 점수를 부여한다.

아이디어의 수	점수
1~3개	1점
4~5개	2점
6~7개	3점
8~9개	4점
10개	5점

독창성(2점) : 아이디어가 얼마나 독특하고 창의적인가?

* 유창성, 융통성 점수를 받은 아이디어에 한해서 독창성 채점을 한다.

* 학생들의 답안을 토대로 흔한 아이디어 목록을 구성하고, 그에 포함되지 않는 아이디어의 수를 세어 다음 기준에 따라 점수를 부여한다.

* 감각적, 감성적 아이디어에는 독창성 점수를 부여한다.

아이디어의 수	점수
1개	1점
2개 이상	2점

03 창의성

평가 영역	수학 창의성
사고 영역	유창성, 융통성

예시답안

① 적은 재료로 많은 양을 담을 수 있는 컵을 만들 수 있다.

② 어느 방향으로든 마실 수 있다.

③ 컵을 포개어 보관할 수 있다.

④ 아래쪽이 좁으므로 커피 자동판매기에서 원하는 높이에 컵이 걸리게 할 수 있다.

⑤ 아래쪽이 좁아 적은 양을 담아도 양이 많아 보인다.

⑥ 내용물을 따르기 쉽다.

⑦ 끝이 말려있어 모양을 유지하기 쉽다.

⑧ 손으로 잡기 편한 모양과 크기이다.

⑨ 아래쪽이 좁으므로 동그란 홀더에 꽂으면 고정하기 쉽다.

⑩ 둥근 모양이라서 외부 힘을 잘 분산시켜 쉽게 찌그러지지 않는다.

⑪ 위쪽이 넓으므로 고체 또는 액체를 넣기 쉽다.

⑫ 바닥과 만나는 면적이 좁아 마찰력(압력)이 커서 잘 미끄러지지 않는다.

채점 기준 총체적 채점

유창성, 융통성(7점) : 적절한 아이디어의 수와 범주

★ 종이컵 모양으로 인한 편리한 점으로 적절한 것만 아이디어로 평가한다.

★ 같은 아이디어가 반복되는 경우 1개의 아이디어로 평가한다.

★ 적절한 아이디어라고 여겨지는 것의 수를 세어 다음 기준에 따라 점수를 부여한다.

아이디어의 수	점수	7개	4점
1~2개	1점	8개	5점
3~4개	2점	9개	6점
5~6개	3점	10개	7점

04 창의성

평가 영역	수학 창의성
사고 영역	유창성, 융통성

예시답안

① 입체도형의 이름은 무엇인가?

② 입체도형의 전개도를 그리시오.

③ 그림에서 옆면과 높이를 표시하시오.

④ 입체도형을 잘랐을 때 나올 수 있는 단면을 모두 그리시오.

⑤ 밑면은 어떤 모양인가?

⑥ 밑면의 반지름의 길이가 2 cm, 높이가 3 cm일 때 부피를 구하시오.

⑦ 옆면의 넓이가 24π cm²이고 높이가 2 cm일 때 밑면의 둘레의 길이를 구하시오.

⑧ 밑면의 반지름의 길이가 2 cm, 높이가 3 cm일 때 겉넓이를 구하시오.

⑨ 실생활에서 원기둥 모양의 물건을 10개 찾으시오.

⑩ 통조림을 원기둥 모양으로 만드는 이유를 서술하시오.

⑪ 입체도형을 자른 단면이 사다리꼴이 나오도록 자르는 방법이 있는가?

⑫ 입체도형을 수평으로 자른 단면은 어떤 모양인가?

⑬ 입체도형을 자른 단면이 반원이 나오도록 자르는 방법을 서술하시오.

⑭ 실생활에 입체도형과 같은 모양인 물건을 10가지 쓰시오.

채점 기준   총체적 채점

유창성, 융통성(7점) : 적절한 아이디어의 수와 범주

* 원기둥으로 만들 수 있는 문제로 적절한 것만 아이디어로 평가한다.

* 같은 아이디어가 반복되는 경우 1개의 아이디어로 평가한다.

* 적절한 아이디어라고 여겨지는 것의 수를 세어 다음 기준에 따라 점수를 부여한다.

아이디어의 수	점수			
1~2개	1점		7개	4점
3~4개	2점		8개	5점
5~6개	3점		9개	6점
			10개	7점

05 창의성

평가 영역	수학 창의성
사고 영역	유창성, 융통성

예시답안

① 보온은 잘 되는가?

② 용량은 적당한가?

③ 잘 부서지지는 않는가?

④ 무게는 적당한가?

⑤ 뚜껑을 열고 닫기 편리한가?

⑥ 내용물이 흘러나오지는 않는가?

⑦ 가격은 적당한가?

⑧ 가지고 다니기 적당한 크기인가?

⑨ 내용물을 넣거나 따르기 편리한가?

⑩ 사용하기 어려울 정도로 파손되었을 때 분리배출이 가능한가?

⑪ 세척하기 쉬운가?

⑫ 보온병의 음용구가 분리되어 세척 가능한가?

⑬ 내용물을 따르기 편리하도록 손잡이가 있는가?

⑭ 외병과 내병 사이가 진공상태에 가까운가?

⑮ 내병 안쪽은 열을 잘 반사하는 금속으로 도금이 되어 있는가?

채점 기준   총체적 채점

유창성, 융통성(7점) : 적절한 아이디어의 수와 범주

* 보온병을 고를 때 고려해야 할 점으로 적절한 것만 아이디어로 평가한다.

* 같은 아이디어가 반복되는 경우 1개의 아이디어로 평가한다.

* 적절한 아이디어라고 여겨지는 것의 수를 세어 다음 기준에 따라 점수를 부여한다.

아이디어의 수	점수		7개	4점
1~2개	1점		8개	5점
3~4개	2점		9개	6점
5~6개	3점		10개	7점

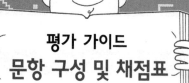

06 사고력

평가 영역	사고력
사고 영역	수학 사고력

모범답안

$$\frac{1}{3\times6} + \frac{5}{8\times9} + \frac{7}{2\times4} = 1$$

해설

통분한 분모의 값이 너무 커지지 않도록 2와 3인 수를 분수의 빈칸에 먼저 대입해 본다.

채점 기준   요소별 채점

수학 사고력(5점)

채점 기준	점수
빈칸을 모두 정확히 채운 경우	5점

07 융합 사고력

평가 영역	융합 사고력-수학
사고 영역	문제 파악 능력, 문제 해결 능력

모범답안

(1) 125명

해설

① 시카고에서 1년 동안 조율이 필요한 피아노의 수
   =시카고 인구÷평균 가구 구성원 수×피아노를 가진 비율
   =5,000,000÷4×0.1=125,000(대)

② 1명의 조율사가 1년 동안 조율할 수 있는 피아노의 수
   =1일 근무시간÷피아노 1대당 조율시간×주당 근무일 수×50주
   =8÷2×5×50=1,000(대)

③ 시카고의 피아노 조율사의 수
   =시카고에서 1년 동안 조율이 필요한 피아노의 수÷1명의 조율사가 1년 동안 조율할 수 있는 피아노의 수
   =125,000÷1,000=125(명)

채점 기준 요소별 채점

문제 파악 능력(3점)

채점 기준	점수
답을 정확히 구한 경우	3점

예시답안

(2)

① 한강에 흐르는 물의 양은 얼마나 될까?

② 서울시의 15층 이상인 아파트 수는 얼마나 될까?

③ 서울시의 주유소 개수는 몇 개나 될까?

④ 하루에 서울 시민이 마시는 물의 양은 얼마나 될까?

⑤ 주말 동안 서울에서 판매된 치킨은 모두 몇 마리일까?

⑥ 하루 동안 우리나라에서 발생하는 음식물 쓰레기양은 얼마나 될까?

⑦ 우리나라의 미용사 수는 모두 몇 명일까?

⑧ 하루 동안 서울에서 팔리는 자장면은 모두 몇 그릇일까?

⑨ 우주에 다른 생명체가 살고 있을 확률은 얼마나 될까?

⑩ 전 세계에 하루 동안 팔리는 피자는 모두 몇 판일까?

⑪ 휴가철에 해수욕장을 다녀간 피서객은 몇 명일까?

⑫ 서울역의 1일 이용객 수는 몇 명일까?

⑬ 잠실야구장을 야구공으로 채우려면 몇 개가 필요할까?

⑭ 부산 해운대 해수욕장 모래사장에 있는 모래알의 개수는 몇 개일까?

⑮ 하루 동안 서울에서 사람에게 잡혀 죽은 모기의 수는 몇 마리일까?

채점 기준 총체적 채점

문제 해결 능력(7점)

* 페르미 추정법으로 해결할 수 있는 주제로 적절한 것만 아이디어로 평가한다.

* 같은 아이디어가 반복되는 경우 1개의 아이디어로 평가한다.

* 적절한 아이디어라고 여겨지는 것의 수를 세어 다음 기준에 따라 점수를 부여한다.

아이디어의 수	점수		7개	4점
1~2개	1점		8개	5점
3~4개	2점		9개	6점
5~6개	3점		10개	7점

⑧ 창의성

평가 영역	일반 창의성
사고 영역	유창성, 융통성, 독창성

예시답안

① 사다리를 구해 나무에 올라가 강아지를 데리고 내려온다.

② 강아지가 좋아하는 먹이를 나무 아래에 두어 강아지가 내려오도록 한다.

③ 재난구조용 드론에 강아지를 들어올릴 수 있는 구조물을 달아 안전하게 구조한다.

④ 이사짐센터에서 사용하는 사다리차에 강아지가 좋아하는 먹이를 안쪽에 넣은 후 사다리를 올려 강아지가 사다리에 올라오게 한 후 사다리를 내린다.

⑤ 강아지가 싫어하는 소리가 나는 호루라기를 불어 강아지가 내려올 수 있는 길로 유도하여 내려오도록 한다.

⑥ 나무에 긴 나무판을 비스듬히 걸쳐 강아지가 나무판 위를 미끄러져 내려오도록 한다.

⑦ 잠자리채처럼 끝에 주머니가 달린 막대로 강아지를 주머니에 넣어서 내린다.

⑧ 끈에 매단 간식을 바닥으로 내려오는 길을 따라 이동시켜 간식을 따라 내려오도록 한다.

⑨ 나무 아래쪽에 에어 매트와 같은 안전 장치를 설치한 후 뛰어내리게 한다.

⑩ 동물보호센터에 요청한다.

⑪ 강아지가 있는 쪽의 나무를 베어 반대쪽으로 서서히 넘어뜨린다.

채점 기준   총체적 채점

유창성, 융통성(5점) : 적절한 아이디어의 수와 범주

* 나무 위의 강아지가 내려올 수 있는 방법으로 적절한 것만 아이디어로 평가한다.

* 같은 아이디어가 반복되는 경우 1개의 아이디어로 평가한다.

* 적절한 아이디어라고 여겨지는 것의 수를 세어 다음 기준에 따라 점수를 부여한다.

아이디어의 수	점수
1~3개	1점
4~5개	2점
6~7개	3점
8~9개	4점
10개	5점

독창성(2점) : 아이디어가 얼마나 독특하고 창의적인가?

* 유창성, 융통성 점수를 받은 아이디어에 한해서 독창성 채점을 한다.

* 학생들의 답안을 토대로 흔한 아이디어 목록을 구성하고, 그에 포함되지 않는 아이디어의 수를 세어 다음 기준에 따라 점수를 부여한다.

* 감각적, 감성적 아이디어에는 독창성 점수를 부여한다.

아이디어의 수	점수
1개	1점
2개 이상	2점

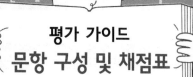

09 창의성

평가 영역	일반 창의성
사고 영역	유창성, 융통성

예시답안

① 짠물 : 맛이 짠 물, 젖어있는 물건을 짜서 나온 물

② 경주말 : 경주에 나가는 말, 경주 지역에서 태어난 말

③ 발 : 사람의 다리 맨 끝부분, 총알을 세는 단위, 걸음

④ 밑받침 : 밑에 받치는 물건, 어떤 일의 바탕이나 근거

⑤ 단감 : 벽에 매달아 둔 감, 맛이 달콤한 감

⑥ 타다 : 탈 것 등을 몸에 얹다. 불꽃이 일어나다. 액체에 가루를 섞다.

⑦ 눈 : 사람의 신체 부위, 하늘에서 내리는 눈

⑧ 배 : 사람의 신체 부위, 물 위를 떠다니는 탈 것, 배나무의 열매

⑨ 다리 : 사람의 신체 부위, 강을 건너는 다리

⑩ 감다 : 눈동자를 덮다. 머리를 물로 씻다. 물체를 다른 물체에 말다.

⑪ 바르다 : 다른 물건의 표면에 붙이다. 가시를 추려내다.

⑫ 나다 : 땅 위에 솟아나다. 길이 생기다.

⑬ 되다 : 피곤하다. 지위를 가지다. 변하다.

⑭ 들다 : 빛이 안으로 들어오다. 손에 가지다.

⑮ 맞다 : 답이 틀리지 않다. 사람을 받아들이다.

⑯ 세다 : 힘이 많다. 수를 헤아리다. 털이 희어지다.

⑰ 무르다 : 여리고 단단하지 않다. 그 전의 상태로 돌리다.

⑱ 서다 : 결심이 마음 속에 이루어지다. 위를 향하여 곧게 되다.

채점 기준 총체적 채점

유창성, 융통성(7점) : 적절한 아이디어의 수와 범주
* 동음이의어로 문장을 2개씩 만든 경우만 아이디어로 평가한다.
* 같은 아이디어가 반복되는 경우 1개의 아이디어로 평가한다.
* 적절한 아이디어라고 여겨지는 것의 수를 세어 다음 기준에 따라 점수를 부여한다.

아이디어의 수	점수		3개	3점
1개	1점		4개	5점
2개	2점		5개	7점

⑩ 창의성

평가 영역	과학 창의성
사고 영역	유창성, 융통성, 독창성

예시답안

① 초록색 동물이 많아질 것이다.

② 다른 생물을 잡아먹지 않는 동물이 생길 것이다.

③ 먹이를 주지 않아도 동물을 기를 수 있을 것이다.

④ 동물도 광합성을 하므로 공기가 지금보다 더 맑아질 것이다.

⑤ 식물을 먹는 동물이 줄어들어 숲이나 나무가 늘어날 것이다.

⑥ 맑은 날 햇볕을 쬐려고 모여 있는 동물들을 볼 수 있을 것이다.

⑦ 먹이를 먹지 않아도 되므로 입이 단순화될 것이다.

⑧ 햇빛을 많이 받기 위해 피부를 덮고 있는 털이 사라질 것이다.

⑨ 먹이를 먹기 위해 움직이지 않아도 되므로 운동 능력이 줄어들 것이다.

⑩ 먹이를 먹지 않으므로 소화 기관 기능이 약해질 것이다.

⑪ 적도와 같이 햇빛이 많이 비치는 지역에 몰려 살 것이다.

⑫ 극지방에 백야 현상이 나타나면 철새가 이동하듯 이동할 것이다.

채점 기준   총체적 채점

유창성, 융통성(5점) : 적절한 아이디어의 수와 범주

* 동물이 광합성을 하게 되었을 때 나타날 수 있는 변화로 적절한 것만 아이디어로 평가한다.
* 같은 아이디어가 반복되는 경우 1개의 아이디어로 평가한다.
* 적절한 아이디어라고 여겨지는 것의 수를 세어 다음 기준에 따라 점수를 부여한다.

아이디어의 수	점수
1~3개	1점
4~5개	2점
6~7개	3점
8~9개	4점
10개	5점

독창성(2점) : 아이디어가 얼마나 독특하고 창의적인가?

* 유창성, 융통성 점수를 받은 아이디어에 한해서 독창성 채점을 한다.
* 학생들의 답안을 토대로 흔한 아이디어 목록을 구성하고, 그에 포함되지 않는 아이디어의 수를 세어 다음 기준에 따라 점수를 부여한다.

아이디어의 수	점수
1개	1점
2개 이상	2점

⑪ 창의성

평가 영역	과학 창의성
사고 영역	유창성, 융통성, 독창성

예시답안

① 달리는 열차 앞을 다른 열차로 막아 세운다.
② 헬기나 자동차로 열차에 열차를 운전할 사람을 태운다.
③ 폭탄으로 열차를 탈선시킨다.
④ 총으로 연료를 공급하는 장치를 고장 낸다.
⑤ 컴퓨터로 열차 시스템을 해킹하여 멈춘다.
⑥ 철로에 접착성 물질을 부어 서서히 멈추게 한다.
⑦ 열차의 엔진이 있는 곳을 폭발시킨다.
⑧ 헬기로 열차에 무거운 물체들을 올려 서서히 속력이 줄어들게 한다.
⑨ 열차 앞에 장애물을 놓아서 부딪혀 서서히 속력이 줄어들게 한다.

채점 기준 — 총체적 채점

유창성, 융통성(5점) : 적절한 아이디어의 수와 범주

* 달리는 열차를 세울 수 있는 방법으로 적절한 것만 아이디어로 평가한다.
* 불가능하거나 구체적이지 않은 것은 아이디어로 평가하지 않는다.
* 같은 아이디어가 반복되는 경우 1개의 아이디어로 평가한다.
* 적절한 아이디어라고 여겨지는 것의 수를 세어 다음 기준에 따라 점수를 부여한다.

아이디어의 수	점수
1개	1점
2개	2점
3개	3점
4개	4점
5개	5점

독창성(2점) : 아이디어가 얼마나 독특하고 창의적인가?

* 유창성, 융통성 점수를 받은 아이디어에 한해서 독창성 채점을 한다.
* 학생들의 답안을 토대로 흔한 아이디어 목록을 구성하고, 그에 포함되지 않는 아이디어의 수를 세어 다음 기준에 따라 점수를 부여한다.

아이디어의 수	점수
1개	1점
2개 이상	2점

⑫ 창의성

평가 영역	과학 창의성
사고 영역	유창성, 융통성

예시답안

① 낙하산 : 민들레 씨

② 프로펠러 : 단풍나무 씨앗

③ 철조망 : 장미 가시

④ 헬리콥터의 동체 : 잠자리의 모양

⑤ 오리발 : 개구리나 오리의 물갈퀴

⑥ 전신 수영복 : 방패 모양의 비늘을 가진 상어의 피부

⑦ 벽을 기어오르는 로봇 : 도마뱀의 발

⑧ 비행기 : 새

⑨ 정찰용 초소형 무인 비행체 : 가벼운 파리의 몸과 파리의 움직임

⑩ 내시경 로봇 : 지렁이와 자벌레의 유연한 움직임

⑪ 애벌레 로봇 : 뱀이나 애벌레의 유연한 움직임

⑫ 접착제 : 도마뱀의 발바닥

⑬ 초광각 카메라 렌즈 : 파리의 눈

⑭ 초고감도 센서 : 딱정벌레의 날개, 진동을 감지하는 거미 다리의 금형 기관

⑮ 생체접착제 : 물에 젖을수록 더 강한 접착력을 보이는 홍합의 접착 성분

⑯ 세차가 필요 없는 자동차, 물로 씻어낼 수 있는 페인트, 방수 패널 : 연잎 표면의 나노 크기 돌기

⑰ 허니콤(인공위성 벽, 기차 충격 흡수 장치) : 최소 재료로 최대의 면적을 만드는 벌집 모양과 벌집의 강도

채점 기준   총체적 채점

유창성, 융통성(7점) : 적절한 아이디어의 수와 범주

* 생체모방 기술의 예로 적절한 것만 아이디어로 평가한다.
* 같은 아이디어가 반복되는 경우 1개의 아이디어로 평가한다.
* 적절한 아이디어라고 여겨지는 것의 수를 세어 다음 기준에 따라 점수를 부여한다.

아이디어의 수	점수		7개	4점
1~2개	1점		8개	5점
3~4개	2점		9개	6점
5~6개	3점		10개	7점

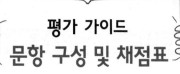

⑬ 사고력

평가 영역	사고력
사고 영역	과학 사고력

모범답안

물이 증발하면서 기화열을 흡수하므로 시원해진다.

해설

두 그릇 사이에 있는 유리 폼의 물이 증발하면 주위 열을 흡수하므로 온도가 낮아지고, 해로운 미생물의 활동이 둔해지므로 음식이 오랫동안 보존된다. 무전력 냉장고의 냉각 작용을 계속 유지하려면 이틀에 한 번 물을 부어줘야 한다. 유리 폼은 표면적을 넓혀 증발 효율을 높인다.

채점 기준　요소별 채점

과학 사고력(5점)

채점 기준	점수
원리를 바르게 서술한 경우	5점

14 융합 사고력

평가 영역	융합 사고력-과학
사고 영역	문제 파악 능력, 문제 해결 능력

예시답안

(1) 인도네시아 지역은 대륙판과 해양판이 만나는 경계이기 때문이다.

해설

지구의 가장 바깥쪽인 지각은 여러 개의 조각으로 나뉘어 있으며, 이 조각들을 판이라고 한다. 판들은 각기 다른 방향으로 서서히 움직이고, 판과 판이 만나는 경계에서 화산 활동과 지진이 일어난다. 해양판과 대륙판이 만나는 수렴형 경계에서는 해양판이 대륙판 아래로 섭입하면서 화산 활동과 지진이 활발히 일어나고, 대륙판과 대륙판이 만나는 수렴형 경계에서는 높은 습곡 산맥이 만들어지고 지진이 활발히 일어난다. 판과 판이 멀어지는 발산형 경계에서는 화산 활동과 지진이 활발히 일어나고, 판과 판이 서로 어긋나는 보존형 경계에서는 지진이 활발히 일어난다. 태평양판과 만나는 주변은 화산 활동과 지진이 자주 일어나며, 태평양판을 둘러싸고 고리 모양을 이루기 때문에 불의 고리라고 불린다. 특히 인도네시아의 자바와 수마트라 두 섬을 중심으로 이어지는 자바-수마트라 화산대는 현재 100개의 활화산이 활동하고 있다.

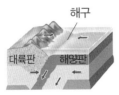
▲ 수렴형 경계

▲ 수렴형 경계

▲ 발산형 경계

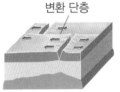
▲ 보존형 경계

채점 기준 　요소별 채점

문제 파악 능력(3점) : 적절한 아이디어의 수와 범주

채점 기준	점수
이유를 바르게 서술한 경우	3점

평가 가이드
문항 구성 및 채점표

평가 영역 문항	창의성		사고력		융합 사고력	
	유창성, 융통성	독창성	수학 사고력	과학 사고력	문제 파악 능력	문제 해결 능력
01	점	점				
02	점	점				
03	점					
04	점					
05	점					
06			점			
07					점	점
08	점					
09	점	점				
10	점					
11	점					
12	점	점				
13				점		
14					점	점

평가 영역별 점수	유창성, 융통성	독창성	수학 사고력	과학 사고력	문제 파악 능력	문제 해결 능력
	창의성		사고력		융합 사고력	
	/ 70점		/ 10점		/ 20점	
			총점			

평가 결과에 따른 학습 방향

창의성
- 50점 이상   보다 독창성 있는 아이디어를 내는 연습을 하세요.
- 35~49점   다양한 관점의 아이디어를 더 내는 연습을 하세요.
- 35점 미만   적절한 아이디어를 더 내는 연습을 하세요.

사고력
- 6점 이상   교과 개념과 연관된 응용문제로 문제 적응력을 기르세요.
- 6점 미만   틀린 문항과 관련된 교과 개념을 다시 공부하세요.

융합 사고력
- 15점 이상   답안을 보다 구체적으로 작성하는 연습을 하세요.
- 10~14점   문제 해결 방안의 아이디어를 다양하게 내는 연습을 하세요.
- 10점 미만   실생활과 관련된 기사로 수학·과학적 사고를 확장하는 연습을 하세요.

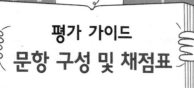
01 창의성

평가 영역	일반 창의성
사고 영역	유창성, 융통성, 독창성

예시답안

① 살아가는 데 꼭 필요한 물건을 만들고 그 물건의 이름을 '만원만'이라고 짓는다.

② 굉장히 비싸 보이는 물건을 만 원에 팔아 사람들에게 '만 원만 있으면 그 물건을 살 수 있다.'는 소문이 나게 한다.

③ 사람들에게 천 원씩 주면서 '만원만'을 불러달라고 부탁한다.

④ 왕에게 선물해서 이름을 부를 수 있도록 해 달라고 부탁한다.

⑤ 유명한 장소의 이름을 '만원만'으로 지어 사람들이 부르게 한다.

⑥ 싸우지 말자는 공익 성격의 후크송 가사에 '원만원만'을 후렴구로 만들어 유행시킨다.

⑦ 상점에서 계산할 때 만 원만 현금으로 주시면 사은품을 주는 이벤트를 한다고 홍보한다.

⑧ 판매하는 제품을 할인하여 '원래 2만 원인데 만 원만 주세요'라고 홍보한다.

채점 기준 총체적 채점

유창성, 융통성(5점) : 적절한 아이디어의 수와 범주

* '만원만'이라는 이름이 많이 불리도록 하는 방법으로 적절한 것만 아이디어로 평가한다.

* 소리가 같은 단어를 말하게 하는 방법도 아이디어로 평가한다.

* 같은 아이디어가 반복되는 경우 1개의 아이디어로 평가한다.

* 적절한 아이디어라고 여겨지는 것의 수를 세어 다음 기준에 따라 점수를 부여한다.

아이디어의 수	점수
1개	1점
2개	2점
3개	3점
4개	4점
5개	5점

독창성(2점) : 아이디어가 얼마나 독특하고 창의적인가?

* 유창성, 융통성 점수를 받은 아이디어에 한해서 독창성 채점을 한다.

* 학생들의 답안을 토대로 흔한 아이디어 목록을 구성하고, 그에 포함되지 않는 아이디어의 수를 세어 다음 기준에 따라 점수를 부여한다.

아이디어의 수	점수
1개	1점
2개 이상	2점

02 창의성

평가 영역	일반 창의성
사고 영역	유창성, 독창성

예시답안

편리한 점	① 전기를 조금 사용한다. ② 작동이 쉽다. ③ 바람을 일으켜 시원함을 느끼게 한다. ④ 켜는 즉시 바람이 나온다. ⑤ 방향을 쉽게 바꿀 수 있다.
불편한 점과 해결 방법	① 선풍기 뒤쪽은 바람이 안 나온다. 　-360°로 회전하며 모든 방향으로 바람을 보내주는 선풍기를 만든다. ② 날개가 있어 위험하다. 　-날개 없이 바람이 나오는 선풍기를 만든다. ③ 전선의 길이만큼만 이동할 수 있다. 　-선 없이 충전해 사용할 수 있는 선풍기를 만든다. ④ 날개에 먼지가 많이 붙는다. 　-먼지가 잘 묻지 않는 재료로 날개를 만들거나 날개를 없앤다. ⑤ 선풍기 뒤쪽 전동기(모터)가 과열되어 뜨거운 바람이 나온다. 　-전동기 냉각 장치를 추가한다.

채점 기준 　총체적 채점

유창성(5점) : 적절한 아이디어의 수와 범주
* 선풍기의 편리한 점, 불편한 점, 해결 방법을 각각 하나의 아이디어로 평가한다.
* 해결 방법은 불편한 점을 보완하는 내용일 경우만 아이디어로 평가한다.
* 적절한 아이디어라고 여겨지는 것의 수를 세어 다음 기준에 따라 점수를 부여한다.

아이디어의 수	점수
1~3개	1점
4~5개	2점
6~7개	3점
8개	4점
9개	5점

독창성(2점) : 아이디어가 얼마나 독특하고 창의적인가?
* 유창성 점수를 받은 아이디어에 한해서 독창성 채점을 한다.
* 학생들의 답안을 토대로 흔한 아이디어 목록을 구성하고, 그에 포함되지 않는 아이디어의 수를 세어 다음 기준에 따라 점수를 부여한다.

아이디어의 수	점수
1개	1점
2개 이상	2점

평가 가이드
문항 구성 및 채점표

03 창의성

평가 영역	수학 창의성
사고 영역	유창성, 융통성

예시답안

① 신호등을 건널 때 남은 시간을 확인하며 건넜다.

② 친구와 키를 비교해 보았다.

③ 다음 시험까지 남은 날짜(D-day)를 계산해 보았다.

④ 집에서 학교까지 도착하는 시각을 예상해 보았다.

⑤ 스마트폰의 잠금장치를 패턴으로 해제했다.

⑥ 횡단보도와 같이 일정한 간격으로 되어 있는 곳을 찾아보았다.

⑦ 시계를 보고 시각을 알았다.

⑧ 물건을 사고 가격을 계산해 돈을 냈다.

⑨ 내 이름이 붙어 있는 사물함에 책을 넣었다.-일대일 대응

⑩ 크기와 모양이 같게 지우개를 잘라 2개로 만들었다.

⑪ 하루 동안 공부한 시간을 계산했다.

⑫ 하루에 허락된 게임 시간을 초과하지 않도록 게임 시간을 확인했다.

⑬ 집에 들어갈 때 현관문 도어락에 비밀번호를 입력했다.

⑭ 학원 숙제인 수학 문제집 4페이지를 풀었다.

⑮ 수달쌤 실시간 수학 강의를 50분 수강했다.

채점 기준   총체적 채점

유창성, 융통성(7점) : 적절한 아이디어의 수와 범주

* 수학적 활동(계산, 비교, 규칙, 대응, 대칭 도형 등)으로 적절한 것만 아이디어로 평가한다.

* 같은 아이디어가 반복되는 경우 1개의 아이디어로 평가한다.

* 적절한 아이디어라고 여겨지는 것의 수를 세어 다음 기준에 따라 점수를 부여한다.

아이디어의 수	점수		아이디어의 수	점수
1~2개	1점		7개	4점
3~4개	2점		8개	5점
5~6개	3점		9개	6점
			10개	7점

04 창의성

평가 영역	수학 창의성
사고 영역	유창성, 융통성

예시답안

① 맨홀 뚜껑이 구멍으로 빠지지 않는다.

② 무거운 맨홀 뚜껑을 굴려서 옮길 수 있다.

③ 뚜껑을 닫을 때 방향을 고려하지 않아도 된다.

④ 가해진 힘이 잘 분산되므로 충격을 받아도 잘 깨지지 않는다.

⑤ 도로에 시공되었을 때 차량 통행으로 인한 소음이 적게 발생한다.－편심 하중이 작용하지 않는다.

⑥ 둥근 모양이므로 어느 방향으로든 사다리를 대고 내려갈 수 있다.

⑦ 사람 몸통 모양과 비슷하므로 안으로 내려가기 편하다.

⑧ 여름과 겨울에 팽창과 수축을 해도 각진 부분이 없어 틀어지지 않는다.

⑨ 모서리가 없어 다치지 않는다.

⑩ 둘레가 같을 때 넓이가 가장 큰 원이므로 입구와 통로를 넓게 만들 수 있다.

채점 기준   총체적 채점

유창성, 융통성(7점) : 적절한 아이디어의 수와 범주

＊ 맨홀과 맨홀 뚜껑이 원형이어서 좋은 점으로 적절한 것만 아이디어로 평가한다.

＊ 같은 아이디어가 반복되는 경우 1개의 아이디어로 평가한다.

＊ 적절한 아이디어라고 여겨지는 것의 수를 세어 다음 기준에 따라 점수를 부여한다.

아이디어의 수	점수		7개	4점
1~2개	1점		8개	5점
3~4개	2점		9개	6점
5~6개	3점		10개	7점

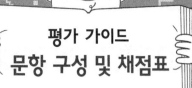

05 ## 창의성

평가 영역	수학 창의성
사고 영역	유창성

예시답안

① $2 \times 2 \div 2 \div 2 = 1$

② $2 \div 2 + 2 - 2 = 1$

③ $(2+2) \div (2+2) = 1$

④ $(2 \times 2) \div (2 \times 2) = 1$

⑤ $2 \div 2 \times 2 \div 2 = 1$

⑥ $(2+2-2) \div 2 = 1$

⑦ $(2 \div 2) \times (2 \div 2) = 1$

⑧ $(2-2+2) \div 2 = 1$

⑨ $22 \div 22 = 1$

⑩ $(2+2-2) \div 2 = 1$

⑪ $-2 + (2 \div 2) + 2 = 1$

⑫ $(2+2) \div 2 \div 2 = 1$

⑬ $(2 \div 2) \div (2 \div 2) = 1$

채점 기준 총체적 채점

유창성(7점) : 적절한 아이디어의 수와 범주

* 주어진 조건에 맞게 만든 식만 아이디어로 평가한다.

* 계산 결과 식을 만족하지 않는 경우는 아이디어로 평가하지 않는다.

* 적절한 아이디어라고 여겨지는 것의 수를 세어 다음 기준에 따라 점수를 부여한다.

아이디어의 수	점수	7개	4점
1~2개	1점	8개	5점
3~4개	2점	9개	6점
5~6개	3점	10개	7점

06 사고력

평가 영역	사고력
사고 영역	수학 사고력

모범답안

[　　 안에 들어갈 수] 48

[풀이 과정]

규칙은 각 자리 숫자의 곱이 다음 수이다.

$1 \times 6 \times 8 = 48$

해설

각 자리 숫자의 곱이 다음 수이다.

976　378 168　　　　32 6

$9 \times 7 \times 6 = 378$

$3 \times 7 \times 8 = 168$

$1 \times 6 \times 8 = 48$

$4 \times 8 = 32$

$3 \times 2 = 6$

채점 기준　요소별 채점

수학 사고력(5점)

채점 기준	점수
빈칸 안에 들어갈 수를 구한 경우	2점
풀이 과정을 바르게 서술한 경우	3점

07 융합 사고력

평가 영역	융합 사고력-수학
사고 영역	문제 파악 능력, 문제 해결 능력

모범답안

(1) 11

해설

$x=-2$이면
$y=-3\{(-2)-4\}-7$
$\quad =(-3)\times(-6)-7$
$\quad =18-7=11$

채점 기준   요소별 채점

문제 파악 능력(3점)

채점 기준	점수
답을 정확히 구한 경우	3점

예시답안

(2)

① 키보드 버튼 하나는 각각 다른 글자와 일대일 대응한다.

② 주민 등록 번호는 오직 한 사람과 일대일 대응한다.

③ 자동차 번호판은 오직 한 대의 자동차와 일대일 대응한다.

④ 전화번호는 오직 한 대의 전화기와 일대일 대응한다.

⑤ 우리 반 학생들의 번호는 우리 반 학생들 한 명씩과 일대일 대응이다.

⑥ 주소는 오직 한 건물과 일대일 대응한다.

⑦ 같은 팀에서 등 번호는 각 팀의 오직 한 선수와 일대일 대응이다.

⑧ 각 나라의 이름과 나라는 일대일 대응이다.

⑨ 제비뽑기에서 뽑은 제비와 주인은 일대일 대응이다.

⑩ 엘리베이터 버튼은 그 층과 일대일 대응이다.

⑪ 마트에서 물건과 바코드는 일대일 대응이다.

⑫ 책과 ISBN은 일대일 대응이다.

⑬ 사다리 타기에서 선택한 번호와 결과는 일대일 대응이다.

채점 기준 총체적 채점

문제 해결 능력(7점)

* 우리 생활에서 찾을 수 있는 일대일 대응의 예로 적절한 것만 아이디어로 평가한다.

* 같은 아이디어가 반복되는 경우 1개의 아이디어로 평가한다.

* 적절한 아이디어라고 여겨지는 것의 수를 세어 다음 기준에 따라 점수를 부여한다.

아이디어의 수	점수		7개	4점
1~2개	1점		8개	5점
3~4개	2점		9개	6점
5~6개	3점		10개	7점

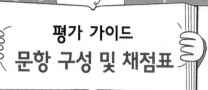

⑧ 창의성

평가 영역	일반 창의성
사고 영역	유창성, 융통성

예시답안

[재미]

① 즐거운 기분이나 느낌 : 그 만화는 재미가 없다. 동물을 재미로 죽여서는 안 된다. 취미 생활에 재미를 느꼈다.

② 좋은 성과나 보람 : 장사로 재미 좀 보셨나요? 곡식 모으는 재미로 고단한 것도 잊었다.

③ 어떤 일이나 생활의 형편 : 요즘 재미가 어떤가? 또 까불면 재미없다.

[밟다]

① 순서나 절차를 거치다 : 퇴원 수속을 밟으세요. 여권 수속을 밟다. 박사 과정을 밟는다.

② 위에 대고 누르다 : 동생이 발을 밟았다. 지뢰를 밟았다. 브레이크를 밟았다. 잔디를 밟았다.

③ 몰래 뒤를 따라가다 : 경찰이 범인 뒤를 밟았다. 노루의 뒤를 밟았다. 누군가가 내 뒤를 밟고 있는 것 같아.

④ 약한 이를 눌러 못살게 굴다 : 가난한 사람들을 밟아서 쓰겠니? 어떻게든 남을 밟고 올라서야 직성이 풀린다.

⑤ 어떤 곳에 도착하다 : 드디어 제주 땅을 밟았다. 나는 남보다 먼저 산 정상을 밟았다.

[잘하다]

① 옳고 바르게 하다 : 평소 처신을 잘해야지. 누가 잘하고 잘못했는지 밝혀야 한다.

② 좋고 훌륭하게 하다 : 가수는 노래를 잘한다. 공부를 잘한다.

③ 반어적으로 못마땅하다 : 또 그릇을 깼니? 잘하는 짓이구나. 잘하고 자빠졌다.

④ 친절히 성의껏 대하다 : 예은이는 어른들에게 잘한다. 남에게 잘해야 자기도 대접받는다.

채점 기준   총체적 채점

유창성, 융통성(7점) : 적절한 아이디어의 수와 범주
* 각 문장을 1개의 아이디어로 평가한다.
* 주어진 단어가 같은 의미로 사용된 경우 아이디어로 평가하지 않는다.
* 같은 아이디어가 반복되는 경우 1개의 아이디어로 평가한다.
* 적절한 아이디어라고 여겨지는 것의 수를 세어 다음 기준에 따라 점수를 부여한다.

아이디어의 수	점수			
1~2개	1점		6개	4점
2~4개	2점		7개	5점
5개	3점		8개	6점
			9개	7점

09 창의성

평가 영역	일반 창의성
사고 영역	유창성, 융통성, 독창성

예시답안

① 순간이동 장치를 이용하여 지구에 올 것이다.

② 우주선에서 냉동된 상태로 지구에 올 것이다.

③ 로봇을 만들어 보낼 것이다.

④ 빠른 속도로 이동하는 우주선을 타고 올 것이다.

⑤ 의학의 발달로 죽지 않는 생명체가 되어 오랫동안 여행하여 올 것이다.

⑥ 지구에서 사용하는 말과 기술을 배워 메시지를 보낼 것이다.

⑦ 지구 가까운 곳에 웜홀을 뚫어 이를 통과해 지구에 올 것이다.

⑧ 빛으로 신호를 보낼 것이다.

⑨ 빛보다 빠른 신호 전달 방법으로 영상 통화를 할 것이다.

⑩ 지구의 인터넷 선과 연결하여 메시지를 주고받을 것이다.

채점 기준 총체적 채점

유창성, 융통성(5점) : 적절한 아이디어의 수와 범주

* 발전된 문명을 가진 생명체가 지구 문명과 접촉할 수 있는 방법으로 적절한 것만 아이디어로 평가한다.
* 같은 아이디어가 반복되는 경우 1개의 아이디어로 평가한다.
* 적절한 아이디어라고 여겨지는 것의 수를 세어 다음 기준에 따라 점수를 부여한다.

아이디어의 수	점수
1개	1점
2개	2점
3개	3점
4개	4점
5개	5점

독창성(2점) : 아이디어가 얼마나 독특하고 창의적인가?

* 유창성, 융통성 점수를 받은 아이디어에 한해서 독창성 채점을 한다.
* 학생들의 답안을 토대로 흔한 아이디어 목록을 구성하고, 그에 포함되지 않는 아이디어의 수를 세어 다음 기준에 따라 점수를 부여한다.

아이디어의 수	점수
1개	1점
2개 이상	2점

평가 가이드
문항 구성 및 채점표

⑩ 창의성

평가 영역	과학 창의성
사고 영역	유창성

예시답안

① 짝을 쉽게 찾거나 매력적으로 보일 수 있다.

② 화려한 색을 가진 동물은 심한 냄새가 나거나 독을 가지고 있는 경우가 많으므로 독이 있는 것처럼 보여 천적에게 잡아먹히지 않을 수 있다.

③ 다른 동물의 무늬나 얼굴처럼 전체 모습이 아닌 부분 모습으로 보일 수 있다.

④ 다른 종류의 나비와 쉽게 구별된다.

⑤ 독을 가지고 있음을 알릴 수 있다.

⑥ 화려한 곳에 있으면 보호색으로 몸을 숨길 수 있다.

채점 기준 총체적 채점

유창성(7점) : 적절한 아이디어의 수와 범주

* 나비가 화려한 색깔과 모양을 가져서 유리한 점으로 적절한 것만 아이디어로 평가한다.

* 적절한 아이디어라고 여겨지는 것의 수를 세어 다음 기준에 따라 점수를 부여한다.

아이디어의 수	점수		
1개	1점	3개	3점
2개	2점	4개	5점
		5개	7점

⑪ 창의성

평가 영역	과학 창의성
사고 영역	유창성, 융통성

예시답안

① 우주복의 헬멧을 팽팽한 실로 연결하여 종이컵 전화기처럼 소리를 전달한다.

② 하고 싶은 말을 종이에 써서 보여준다.

③ 우주복이나 헬멧을 서로 맞대어 소리를 전달한다.

④ 스마트폰과 같이 소리를 글로 바꾸어주는 장치를 사용한다.

⑤ 수화로 의사소통한다.

⑥ 팬터마임(무언극)처럼 몸동작으로 의사소통한다.

⑦ 두 우주 비행사가 헬멧을 우주선에 대고 소리를 전달한다.

채점 기준　총체적 채점

유창성, 융통성(7점) : 적절한 아이디어의 수와 범주

★ 우주에서 의사소통을 할 수 있는 방법으로 적절한 것만 아이디어로 평가한다.

★ 같은 아이디어가 반복되는 경우 1개의 아이디어로 평가한다.

★ 적절한 아이디어라고 여겨지는 것의 수를 세어 다음 기준에 따라 점수를 부여한다.

아이디어의 수	점수		
1개	1점	3개	3점
2개	2점	4개	5점
		5개	7점

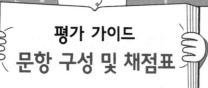

평가 가이드
문항 구성 및 채점표

⑫ 창의성

평가 영역	과학 창의성
사고 영역	유창성, 융통성, 독창성

예시답안

① 소변량이 늘어날 것이다.

② 땀이 나지 않으므로 옷을 자주 갈아입지 않아도 될 것이다.

③ 여름에 체온 조절을 위해 몸에 물을 뿌려야 할 것이다.

④ 개와 같이 체온을 내리기 위해 혀를 내밀고 있을 것이다.

⑤ 체온 조절이 어려워 격렬한 운동을 할 수 없을 것이다.

⑥ 땀 냄새를 없애는 제품이 사라질 것이다.

⑦ 체온이 일정하게 유지되기 어려워질 것이다.

⑧ 거짓말 탐지기가 쓸모없어질 것이다.

⑨ 뇌 온도가 일정하게 유지되지 않아 대화나 생각하는 것이 어려워질 것이다.

⑩ 체온 조절을 위한 옷이 만들어질 것이다.

⑪ 운동으로 다이어트를 하기 힘들 것이다.

⑫ 여름에 에어컨 사용량이 증가할 것이다.

⑬ 찜질방에서 수건 사용량이 줄어들 것이다.

채점 기준　총체적 채점

유창성, 융통성(5점) : 적절한 아이디어의 수와 범주

* 땀을 흘릴 수 없게 될 때 생길 수 있는 일로 적절한 것만 아이디어로 평가한다.
* 같은 아이디어가 반복되는 경우 1개의 아이디어로 평가한다.
* 적절한 아이디어라고 여겨지는 것의 수를 세어 다음 기준에 따라 점수를 부여한다.

아이디어의 수	점수
1개	1점
2개	2점
3개	3점
4개	4점
5개	5점

독창성(2점) : 아이디어가 얼마나 독특하고 창의적인가?

* 유창성, 융통성 점수를 받은 아이디어에 한해서 독창성 채점을 한다.
* 학생들의 답안을 토대로 흔한 아이디어 목록을 구성하고, 그에 포함되지 않는 아이디어의 수를 세어 다음 기준에 따라 점수를 부여한다.

아이디어의 수	점수
1개	1점
2개 이상	2점

13 사고력

평가 영역	사고력
사고 영역	과학 사고력

모범답안

[효과적인 방법] 방법 B

[이유] 배를 끌어당기는 예인선의 두 힘이 이루는 각이 작을수록 합력이 커지기 때문이다.

해설

한 물체에 여러 힘이 동시에 작용할 때 이 힘들의 합과 같은 효과를 내는 하나의 힘을 합력이라고 한다. 나란하지 않은 두 힘의 합력(F)은 두 힘 (F_1, F_2)을 이웃한 변으로 하는 평행사변형의 대각선이다. 두 힘의 크기가 일정할 때 두 힘이 이루는 각이 작을수록 합력의 크기가 크다.

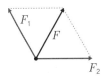

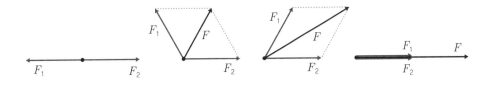

채점 기준　요소별 채점

과학 사고력(5점)

채점 기준	점수
방법 B를 고른 경우	2점
이유를 바르게 서술한 경우	3점

14 융합 사고력

평가 영역	융합 사고력-과학
사고 영역	문제 파악 능력, 문제 해결 능력

모범답안

(1) 북극해의 빙하가 녹을 경우 해수면의 변화가 없지만, 남극 대륙의 빙하가 녹으면 해수면이 상승한다.

해설

해수면이 상승하는 이유는 남극 대륙의 빙하가 녹고 바닷물의 온도가 높아져 열팽창하기 때문이다. 남극 대륙의 빙하가 녹으면 바다로 흘러가므로 해수면이 상승한다. 만약 남극 대륙의 빙하가 모두 녹는다면 해수면이 약 60 m 높아질 것이다. 북극해의 빙하는 바다에 약 90 %가 잠겨 있고 약 10 %만 떠 있다. 바다에 떠 있는 빙하가 녹으면 부피가 약 10 % 정도 감소하고, 빙하가 녹은 물의 부피는 빙하가 바다에 잠긴 부분의 부피와 같기 때문에 북극해의 빙하가 녹는 자체만으로는 해수면이 높아지지 않는다. 그러나 빙하나 눈 같은 흰색의 물체는 대부분 빛을 반사하지만 바다와 같이 어두운 물체는 대부분 빛을 흡수한다. 북극해의 빙하가 줄어들면 바다가 넓어지고, 이로 인해 지구가 흡수하는 태양 빛의 양이 증가하므로 지구 온난화가 가속화될 것이다. 지구 온난화로 인해 바닷물 온도가 높아지면 해수가 열팽창하기 때문에 결국 해수면이 높아진다.

채점 기준   요소별 채점

문제 파악 능력(5점)

채점 기준	점수
남극 대륙 빙하와 북극해 빙하가 융해될 때 해수면 변화 중 한 가지만 서술한 경우	2점
남극 대륙 빙하와 북극해 빙하가 융해될 때 해수면 변화를 모두 서술한 경우	5점

예시답안

(2)

[장점]

① 북극항로가 열리므로 국제 운송비가 줄어들 것이다.

② 북극항로에는 해적이 없으므로 국제 운송 보험료가 줄어들 것이다.

③ 북극 주변에 매장된 지하자원을 개발할 수 있다.

[단점]

① 바다가 햇빛을 흡수하므로 지구 온난화가 더욱 심해질 것이다.

② 북극 지역에 갇혀 있는 메테인이 공기 중으로 배출되어 농도가 높아지므로 지구 온난화가 더욱 심해질 것이다.

③ 기후 변화로 인해 가뭄, 대홍수, 태풍 등 여러 자연재해가 더 자주 발생할 것이다.

④ 바닷물의 염도가 낮아져 해류의 흐름이 원활하게 일어나지 않으므로 극지방과 적도 지방의 열순환이 제대로 일어나지 않을 것이다.

해설

지구 온난화로 인해 북극해의 빙하가 녹기 시작하면서 북극항로가 개척되었다. 북극 해빙 속도가 지금과 같다면 2030년경에는 연중 북극해를 가로지르는 항해가 가능할 것으로 예측된다. 북극항로는 동아시아와 북대서양을 잇는 최단 해상 경로이다. 부산에서 네덜란드를 가려고 할 때, 수에즈 운하를 이용하면 운송 거리가 22,000 km이지만, 북극항로를 이용하면 15,000 km로 무려 7,000 km가 단축된다. 운송 시간 역시 10일 이상 감소하므로 기존 항로보다 경제성이 매우 뛰어나다. 또한, 해적의 위험이 없어 보험료 부담도 줄일 수 있다. 북극해의 빙하가 녹으면 북극 주변에 매장된 지하자원도 개발할 수 있다. 북극해에는 지구상에서 개발되지 않은 원유의 13 %, 천연가스의 30 %, 액화 천연가스의 20 %가 묻혀 있으며, 이는 무려 172조 달러에 달한다. 이 밖에도 철광석, 구리, 금, 다이아몬드, 아연 등과 같은 고부가 가치 광물자원도 약 2조 달러가 매장되어 있다. 북극항로 개척과 지하자원 개발 때문에 북극을 둘러싼 영토 분쟁에 인접국뿐만 아니라 비연안국까지도 가세하고 있다.

채점 기준   총체적 채점

문제 해결 능력(5점)

* 북극해의 빙하가 녹았을 때의 장점과 단점으로 적절한 것만 아이디어로 평가한다.

* 같은 아이디어가 반복되는 경우 1개의 아이디어로 평가한다.

* 적절한 아이디어라고 여겨지는 것의 수를 세어 다음 기준에 따라 점수를 부여한다.

채점 기준	점수
장점과 단점 개수 당	1점
장점과 단점을 각각 2개씩 모두 서술한 경우	5점

평가 가이드
문항 구성 및 채점표

3회

평가 영역 문항	창의성		사고력		융합 사고력	
	유창성, 융통성	독창성	수학 사고력	과학 사고력	문제 파악 능력	문제 해결 능력
01	점	점				
02	점	점				
03	점					
04	점					
05	점					
06			점			
07					점	점
08	점	점				
09	점					
10	점					
11	점					
12	점					
13				점		
14					점	점

평가 영역별 점수	유창성, 융통성	독창성	수학 사고력	과학 사고력	문제 파악 능력	문제 해결 능력
	창의성		사고력		융합 사고력	
	/ 70점		/ 10점		/ 20점	
			총점			

● 평가 결과에 따른 학습 방향

창의성
- 50점 이상   보다 독창성 있는 아이디어를 내는 연습을 하세요.
- 35~49점   다양한 관점의 아이디어를 더 내는 연습을 하세요.
- 35점 미만   적절한 아이디어를 더 내는 연습을 하세요.

사고력
- 6점 이상   교과 개념과 연관된 응용문제로 문제 적응력을 기르세요.
- 6점 미만   틀린 문항과 관련된 교과 개념을 다시 공부하세요.

융합 사고력
- 15점 이상   답안을 보다 구체적으로 작성하는 연습을 하세요.
- 10~14점   문제 해결 방안의 아이디어를 다양하게 내는 연습을 하세요.
- 10점 미만   실생활과 관련된 기사로 수학·과학적 사고를 확장하는 연습을 하세요.

01 창의성

평가 영역	일반 창의성
사고 영역	유창성, 융통성, 독창성

예시답안

① 음악실 벽에 방음벽을 장치한다.

② 음악실을 다른 건물로 옮긴다.

③ 시간표를 조정하여 음악 수업이 있을 때 옆 교실에서는 수업하지 않도록 한다.

④ 음악 수업을 집에서 화상 수업으로 들을 수 있도록 한다.

⑤ 개인별 헤드폰을 마련해 음악 소리를 헤드폰으로 들을 수 있도록 한다.

⑥ 음악실을 소리 흡수 효과가 있는 나무 벽, 나무 천장으로 시공한다.

⑦ 음악실 천장과 벽을 소리를 모을 수 있도록 오목하게 만든다.

⑧ 음악실에서 음악 수업을 할 때는 운동장에서 할 수 있는 체육 수업을 한다.

채점 기준 총체적 채점

유창성, 융통성(5점) : 적절한 아이디어의 수와 범주

* 음악 소리에 방해받지 않고 수업을 들을 수 있는 방법으로 적절한 것만 아이디어로 평가한다.
* 같은 아이디어가 반복되는 경우 1개의 아이디어로 평가한다.
* 적절한 아이디어라고 여겨지는 것의 수를 세어 다음 기준에 따라 점수를 부여한다.

아이디어의 수	점수
1개	1점
2개	2점
3개	3점
4개	4점
5개	5점

독창성(2점) : 아이디어가 얼마나 독특하고 창의적인가?

* 유창성, 융통성 점수를 받은 아이디어에 한해서 독창성 채점을 한다.
* 학생들의 답안을 토대로 흔한 아이디어 목록을 구성하고, 그에 포함되지 않는 아이디어의 수를 세어 다음 기준에 따라 점수를 부여한다.

아이디어의 수	점수
1개	1점
2개 이상	2점

평가 가이드
문항 구성 및 채점표

02 창의성

평가 영역	일반 창의성
사고 영역	유창성, 융통성, 독창성

예시답안

① 안마를 받을 수 있도록 의자를 안마의자로 만든다.

② 극장처럼 영화를 상영하는 칸을 만들어 영화를 볼 수 있게 만든다.

③ 노래를 부르거나 들을 수 있는 음악칸을 만든다.

④ 떠들거나 회의를 할 수 있는 칸을 만든다.

⑤ 주문한 음식을 먹을 수 있는 식당칸을 만든다.

⑥ 피곤한 사람들이 쉴 수 있는 침대칸을 만든다.

⑦ 컴퓨터를 이용하는 사람들을 위한 컴퓨터칸을 만든다.

⑧ 계절별, 월별 열차표 발행 번호로 복권 경품을 제공한다.

⑨ 열차의 안전성을 적극적으로 홍보한다.

⑩ 의자 간격을 넓혀 승차감을 높인다.

⑪ 기차 정거장을 친환경적으로 꾸며 관광지로 개발한다.

⑫ 만화 캐릭터인 토마스 기차로 꾸미고 실내를 토마스 기차 캐릭터로 장식하여 어린이 승객을 유치한다.

⑬ 일출을 보러 동해로 가는 이벤트 열차를 기획한다.

⑭ 방탈출 카페처럼 기차탈출 카페칸을 만든다.

채점 기준　　총체적 채점

유창성, 융통성(5점) : 적절한 아이디어의 수와 범주
* 기차를 발전시킬 수 있는 방법으로 적절한 것만 아이디어로 평가한다.
* 같은 아이디어가 반복되는 경우 1개의 아이디어로 평가한다.
* 적절한 아이디어라고 여겨지는 것의 수를 세어 다음 기준에 따라 점수를 부여한다.

아이디어의 수	점수
1개	1점
2개	2점
3개	3점
4개	4점
5개	5점

독창성(2점) : 아이디어가 얼마나 독특하고 창의적인가?
* 유창성, 융통성 점수를 받은 아이디어에 한해서 독창성 채점을 한다.
* 학생들의 답안을 토대로 흔한 아이디어 목록을 구성하고, 그에 포함되지 않는 아이디어의 수를 세어 다음 기준에 따라 점수를 부여한다.

아이디어의 수	점수
1개	1점
2개 이상	2점

ⓞ3 창의성

평가 영역	수학 창의성
사고 영역	유창성

예시답안

① 왼쪽 1열의 수는 모두 1이다.

② 직각삼각형의 빗변의 수는 모두 1이다.

③ 어떤 수는 그 수의 왼쪽 위에 있는 수와 그 수의 위에 있는 수의 합과 같다.

④ 왼쪽 2열의 수는 1씩 커지는 자연수와 같다.

⑤ 왼쪽 3열의 수는 위와 아래의 수의 차가 2, 3, 4, 5, …와 같이 1씩 커진다.

⑥ 각 줄에서 뺄셈과 덧셈을 번갈아 계산하면 그 값은 0이다. $1-4+6-4+1=0$

⑦ 각 줄의 수를 모두 더한 값에 2를 곱하면 다음 줄의 수를 모두 더한 값이 된다.

⑧ 각 열의 두 번째 수는 1씩 커진다.

⑨ 각 줄의 수는 양끝 수가 1이고, 그 다음 양끝 수는 같은 수이다.

채점 기준   총체적 채점

유창성(7점) : 적절한 아이디어의 수와 범주

* 파스칼의 삼각형에서 찾을 수 있는 규칙으로 적절한 것만 아이디어로 평가한다.

* 적절한 아이디어라고 여겨지는 것의 수를 세어 다음 기준에 따라 점수를 부여한다.

아이디어의 수	점수		
1개	1점	4개	4점
2개	2점	5개	5점
3개	3점	6개	6점
		7개	7점

04 창의성

평가 영역	수학 창의성
사고 영역	유창성

예시답안

채점 기준 총체적 채점

유창성(7점) : 적절한 아이디어의 수와 범주

* 정삼각형을 모양과 크기가 같게 3등분 하는 방법으로 적절한 것만 아이디어로 평가한다.

* 적절한 아이디어라고 여겨지는 것의 수를 세어 다음 기준에 따라 점수를 부여한다.

아이디어의 수	점수			
1~2개	1점		7개	4점
3~4개	2점		8개	5점
5~6개	3점		9개	6점
			10개	7점

⑤ 창의성

평가 영역	수학 창의성
사고 영역	유창성

예시답안

① 소주 만 병만 주소
② 다시 합창합시다
③ 아들딸들아
④ 과학은 좋은 학과
⑤ 일요일
⑥ 마그마
⑦ 오디오
⑧ 다들 잠들다
⑨ 다시 합시다
⑩ 아 좋다 좋아
⑪ 다시다
⑫ 장발장
⑬ 다시 잡시다
⑭ 아리아(오페라 곡)
⑮ 아시아
⑯ 복불복
⑰ 십이만이십
⑱ 서약서

채점 기준   총체적 채점

유창성(7점) : 적절한 아이디어의 수와 범주
* 앞에서부터 읽거나 뒤에서부터 읽어도 같은 말이 되는 것만 아이디어로 평가한다.
* 적절한 아이디어라고 여겨지는 것의 수를 세어 다음 기준에 따라 점수를 부여한다.

아이디어의 수	점수	7개	4점
1~2개	1점	8개	5점
3~4개	2점	9개	6점
5~6개	3점	10개	7점

평가 가이드
문항 구성 및 채점표

06 사고력

평가 영역	사고력
사고 영역	수학 사고력

모범답안

[남은 물질] B

[풀이 과정]

B+C, A+C, A+B의 계산을 한 번씩 하면 A, B, C의 개수가 1개씩 줄어든다.

A	20	21	20	19	20	19	18	⋯	1	2	1	0	1	0
B	21	20	21	20	19	20	19	⋯	2	1	2	1	0	1
C	22	21	20	21	20	19	20	⋯	3	2	1	2	1	0
	B+C	A+C	A+B	B+C	A+C	A+B		⋯		B+C	A+C	A+B	B+C	A+C

채점 기준 요소별 채점

수학 사고력(5점)

채점 기준	점수
답을 정확히 구한 경우	2점
풀이 과정을 바르게 서술한 경우	3점

07 융합 사고력

평가 영역	융합 사고력−수학
사고 영역	문제 파악 능력, 문제 해결 능력

모범답안

(1) 7.281 cm

해설

세로의 길이 : 가로의 길이=1 : 1.618
4.5 : 가로의 길이=1 : 1.618
가로의 길이=4.5×1.618=7.281(cm)

채점 기준 요소별 채점

문제 파악 능력(3점)

채점 기준	점수
답을 정확히 구한 경우	3점

예시답안

(2)

① 인간의 몸은 좌우 대칭이다.

② 머리는 충격에 잘 견디기 위해 반구 모양이다.

③ 어깨나 골반과 같이 회전 운동이 가능한 관절의 모양은 공 모양이다.

④ 튼튼한 구조를 가지기 위해 뼈는 가운데가 빈 원기둥 모양이다.

⑤ 소장은 표면적을 늘리기 위해 구불구불한 모양이다.

⑥ 폐는 표면적을 늘리기 위해 폐포로 이루어져 있다.

⑦ 근육의 단면적과 낼 수 있는 힘의 세기는 비례한다.

⑧ 귓바퀴는 소리를 모을 수 있는 오목한 모양이다.

⑨ 머리를 앞으로 숙일 때 무게 중심을 잡기 위해 엉덩이가 뒤로 빠진다.

⑩ 목둘레의 2배는 허리둘레와 같다.

⑪ 폐포는 프랙탈 구조이다.

⑫ 관절은 지레 원리로 움직인다.

⑬ 모세혈관은 표면적을 늘기기 위해 가느다란 관 모양이다.

⑭ 인간의 무게중심은 배꼽 부분이다.

채점 기준 총체적 채점

문제 해결 능력(7점)

* 인간의 신체에서 찾을 수 있는 수학적 원리로 적절한 것만 아이디어로 평가한다.

* 같은 아이디어가 반복되는 경우 1개의 아이디어로 평가한다.

* 적절한 아이디어라고 여겨지는 것의 수를 세어 다음 기준에 따라 점수를 부여한다.

아이디어의 수	점수		
		7개	4점
1~2개	1점	8개	5점
3~4개	2점	9개	6점
5~6개	3점	10개	7점

08 창의성

평가 영역	일반 창의성
사고 영역	유창성, 융통성, 독창성

예시답안

① 고양이 주인에게 고양이 목에 방울을 달아달라고 부탁한다.

② 고양이가 좋아하는 생선을 미끼로 고양이 목에 방울을 달 수 있는 덫을 만들어 단다.

③ 고양이가 잘 때 목에 방울을 단다.

④ 고양이에게 방울이 달린 리본을 선물한다.

⑤ 고양이를 제외한 모두가 방울을 달아 고양이가 스스로 방울을 달고 싶게 만든다.

⑥ 싱싱한 생선 한 마리를 맛보게 한 후 방울을 목에 달면 생선 2마리를 주겠다고 한다.

⑦ 방울을 단 예쁜 고양이 사진을 보여주며, 방울을 달면 훨씬 예뻐진다고 말한다.

⑧ 방울 달고 인증샷을 찍으면 통조림 영양 간식을 주겠다고 한다.

채점 기준　총체적 채점

유창성, 융통성(5점) : 적절한 아이디어의 수와 범주

* 고양이 목에 방울을 달 수 있는 방법으로 적절한 것만 아이디어로 평가한다.

* 같은 아이디어가 반복되는 경우 1개의 아이디어로 평가한다.

* 적절한 아이디어라고 여겨지는 것의 수를 세어 다음 기준에 따라 점수를 부여한다.

아이디어의 수	점수
1개	1점
2개	2점
3개	3점
4개	4점
5개	5점

독창성(2점) : 아이디어가 얼마나 독특하고 창의적인가?

* 유창성, 융통성 점수를 받은 아이디어에 한해서 독창성 채점을 한다.

* 학생들의 답안을 토대로 흔한 아이디어 목록을 구성하고, 그에 포함되지 않는 아이디어의 수를 세어 다음 기준에 따라 점수를 부여한다.

* 감각적, 감성적 아이디어에는 독창성 점수를 부여한다.

아이디어의 수	점수
1개	1점
2개 이상	2점

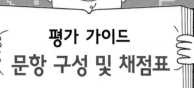

09 창의성

평가 영역	일반 창의성
사고 영역	유창성, 융통성

예시답안

① 여우가 포도를 따 먹으려 애쓰다 결국 포기하며, 먹어보지 않은 포도가 신 포도일 것이라 말한다는 내용이다.

② 자신의 능력 부족이나 포기하는 행동을 핑계를 대며 자기 합리화한다는 것이다.

③ 모든 행동에 핑계가 있다는 것이다.

④ 여우는 쉽게 포기하는 동물이다.

⑤ 노력 없이 얻을 수 있는 것은 없다.

⑥ 여우는 도구(나뭇가지)를 사용할 줄 모른다.

⑦ 여우는 나뭇가지를 흔드는 기술이 없다.

⑧ 여우는 난관에 부딪치면 깊이 생각하거나 문제를 해결하는 방법을 찾지 않는다.

채점 기준 | 총체적 채점

유창성, 융통성(7점) : 적절한 아이디어의 수와 범주

* 작가가 전달하고자 하는 내용으로 적절한 것만 아이디어로 평가한다.

* 같은 아이디어가 반복되는 경우 1개의 아이디어로 평가한다.

* 적절한 아이디어라고 여겨지는 것의 수를 세어 다음 기준에 따라 점수를 부여한다.

아이디어의 수	점수
1개	3점
2개	7점

⑩ 창의성

평가 영역	과학 창의성
사고 영역	유창성, 융통성

예시답안

① 달의 인력은 지구 자전축의 기울기를 안정적으로 유지하도록 돕는다. 만약 달이 없으면 자전축이 불안정해 주기적으로 빙하기와 같은 큰 기상 변화가 생길 것이다.

② 달의 인력이 지구의 물을 끌어당기고 있는데 달이 없으면 바다의 물이 극지방으로 이동해 침수가 일어날 것이다.

③ 바다의 밀물과 썰물이 없어질 것이다.

④ 조수의 흐름은 지구의 자전을 느리게 만드는데 달이 없어 조수의 흐름이 느려지면 지구 자전 속도가 빨라질 것이다.

⑤ 달의 주기에 맞추어 짝짓기하거나 이동하는 동물들이 혼란을 겪을 것이다.

⑥ 일식과 월식이 사라질 것이다.

⑦ 현재보다 밤이 많이 더 어두워질 것이다.

⑧ 달을 주제로 한 작품이나 예술 활동이 사라질 것이다.

⑨ 음력이 사라질 것이다.

⑩ 야행성 동물들은 밤이 어두워서 낮에 활동할 것이다.

⑪ 바다의 움직임이 느려지면 자정 능력이 약해져서 바다가 점점 더러워질 것이다.

⑫ 지구로 떨어지는 운석을 달이 막아주는데 달이 없으면 운석과의 충돌이 더 많아질 것이다.

채점 기준 총체적 채점

유창성, 융통성(7점) : 적절한 아이디어의 수와 범주
* 달이 없어지면서 생기는 지구의 변화로 적절한 것만 아이디어로 평가한다.
* 같은 아이디어가 반복되는 경우 1개의 아이디어로 평가한다.
* 적절한 아이디어라고 여겨지는 것의 수를 세어 다음 기준에 따라 점수를 부여한다.

아이디어의 수	점수	3개	3점
1개	1점	4개	5점
2개	2점	5개	7점

⑪ 창의성

평가 영역	과학 창의성
사고 영역	유창성, 융통성

예시답안

① 닭 콜레라에 걸린 닭의 피에는 닭 콜레라균이 들어있다.

② 실험에 사용된 닭 콜레라균은 인공적으로 배양되었다.

③ 방치된 먹이 속의 콜레라균은 독성이 약화되었다.

④ 콜레라 증세를 보인 후 회복된 닭의 몸속에는 콜레라균을 기억하는 세포가 있다.

⑤ 가벼운 닭 콜레라 증세를 보인 후 회복된 닭은 콜레라를 이길 수 있는 면역이 생긴다.

⑥ 면역이 생긴 닭은 콜레라균을 주사하여도 닭 콜레라에 걸리지 않는다.

채점 기준 총체적 채점

유창성, 융통성(7점) : 적절한 아이디어의 수와 범주

＊ 실험 과정을 통해 알 수 있는 사실로 적절한 것만 아이디어로 평가한다.

＊ 같은 아이디어가 반복되는 경우 1개의 아이디어로 평가한다.

＊ 적절한 아이디어라고 여겨지는 것의 수를 세어 다음 기준에 따라 점수를 부여한다.

아이디어의 수	점수			
1개	1점		3개	3점
2개	2점		4개	5점
			5개	7점

⑫ 창의성

평가 영역	과학 창의성
사고 영역	유창성, 융통성

예시답안

① 양초에 불을 붙여 병 안에 넣은 후, 삶은 달걀을 병 위에 올린다.

② 끓는 물을 병에 넣고 흔든 후 물을 빼고 삶은 달걀을 병 위에 올린다.

③ 병을 햇빛이 잘 드는 곳에 일주일 정도 놓았다가 삶은 달걀을 병 위에 올린 후 차가운 곳에 둔다.

④ 병 위에 삶은 달걀을 올린 후 밀폐 용기에 넣고 공기를 넣어 압력을 높인다.

⑤ 삶은 달걀이 작아질 때까지 주무른 후 달걀을 병 위에 올린다.

⑥ 삶은 달걀을 잘게 잘라 병에 넣는다.

⑦ 따뜻한 방에 있던 병에 얼음 조각을 넣은 후 달걀을 병 위에 올린다.

⑧ 산성 물질을 뿌려 단백질을 녹여 작게 만든다.

해설

① 불이 붙은 양초를 병 안에 넣고 삶은 달걀을 올리면 산소가 부족하여 불이 꺼지고 병 안의 온도가 낮아진다. 병 안의 온도가 낮아지면 병 안의 압력이 밖보다 낮아지므로 압력 차이에 의해 달걀이 병 안으로 들어간다.

②, ③, ⑦ 병을 뜨겁게 한 후 달걀을 올리고 차가운 곳에 두면 병 안의 온도가 낮아진다. 병 안의 온도가 낮아지면 병 안의 압력이 밖보다 낮아지므로 압력 차이에 의해 달걀이 병 안으로 들어간다.

④ 삶은 달걀로 병 입구를 막고 병 밖의 압력을 높이면 압력 차이에 의해 달걀이 병 안으로 들어간다.

채점 기준 총체적 채점

유창성, 융통성(7점) : 적절한 아이디어의 수와 범주

* 입구가 좁은 병에 삶은 달걀을 넣을 수 있는 방법으로 적절한 것만 아이디어로 평가한다.

* 같은 아이디어가 반복되는 경우 1개의 아이디어로 평가한다.

* 적절한 아이디어라고 여겨지는 것의 수를 세어 다음 기준에 따라 점수를 부여한다.

아이디어의 수	점수		3개	3점
1개	1점		4개	5점
2개	2점		5개	7점

13 ## 사고력

평가 영역	사고력
사고 영역	과학 사고력

모범답안

기온이 높으면 잎에서 증산 작용이 활발하게 일어나므로 나무를 옮겨 심으면 뿌리가 충분한 물을 흡수하지 못하기 때문이다.

해설

일반적으로 수목 이식은 봄이나 가을에 하고, 여름과 겨울, 혹서기와 혹한기에는 피해야 한다. 나무를 옮겨 심으면 뿌리가 새 토양에 적응하지 못해 물을 충분히 흡수하지 못하므로 증산 작용을 줄이기 위해 가지를 많이 쳐내고, 증산 억제제를 뿌려 수분 증발을 막아야 한다. 또한, 뿌리 생육을 돕는 발근촉진제를 뿌리고, 매일 물을 주어 충분한 수분을 공급하여 흙과 뿌리 사이의 빈 공간을 없애 밀착되도록 해야 수목 이식 후 생존율이 높다. 대부분 수목 이식은 새잎이 피기 전(잎이 많이 없는 상태), 봄철 우기에 이루어진다.

채점 기준   요소별 채점

과학 사고력(5점)

채점 기준	점수
이유를 바르게 서술한 경우	5점

⑭ 융합 사고력

평가 영역	융합 사고력-과학
사고 영역	문제 파악 능력, 문제 해결 능력

모범답안

(1) 4개의 프로펠러가 빠르게 회전하면서 공기를 아래로 밀어내면 반작용으로 드론이 위로 상승한다. 이때 마주 보는 프로펠러는 같은 방향으로 회전하고 이웃하는 프로펠러는 반대 방향으로 회전하므로 드론 몸체는 회전하지 않는다.

해설

4개의 프로펠러가 회전하면서 공기를 아래로 밀어내면 반작용으로 드론을 위로 띄워주는 힘이 생긴다. 이 힘이 드론에 작용하는 중력보다 커지면 드론이 상승한다. 프로펠러가 회전하면 몸체는 반작용으로 프로펠러 회전 반대 방향으로 회전한다. 쿼드콥터의 경우 드론 몸체의 회전을 막기 위해 마주 보는 프로펠러는 같은 방향으로, 이웃하는 프로펠러는 반대 방향으로 회전한다. 4개의 프로펠러가 빠르게 회전하면 제자리에서 상승하고 느리게 회전하면 하강하며, 진행하고자 하는 방향의 프로펠러 회전 속도를 줄이면 드론이 그 방향으로 기울어지고, 기울어진 방향으로 이동한다. 또한, 시계 방향으로 회전하는 프로펠러의 속도를 시계 반대 방향으로 회전하는 프로펠러 속도보다 느리게 하면 드론이 시계 방향으로 회전한다. 쿼드콥터 드론은 프로펠러의 속도를 조절하여 방향 조절을 할 수 있으므로 구조가 간단하고 안정적이지만 비행시간이 짧다.

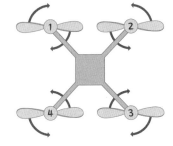

채점 기준 요소별 채점

문제 파악 능력(3점)

채점 기준	점수
상승하는 원리 또는 몸체가 회전하지 않는 원리 중 하나만 서술한 경우	1점
상승하는 원리와 몸체가 회전하지 않는 원리를 모두 서술한 경우	3점

예시답안

(2)
① 취미용으로 사용한다.
② 카메라를 설치해 스포츠 중계, 재해 현장 촬영, 탐사 보드 등 촬영용 기기로 사용한다.
③ 사건이나 사고가 생겼을 때 경찰이나 소방대원보다 먼저 도착해 현장을 촬영하고 전송하여 피해를 줄이고, 범죄 현장에서 달아나는 용의자를 추적하는 데 사용한다.
④ 사람이 직접 구조하기 힘든 산악이나 해양에서 사고가 났을 때 인명 구조용으로 사용한다.
⑤ 물과 비료를 주고 농약을 살포하는데 사용한다.
⑥ 각종 센서를 달아 공기 질을 측정하는 데 사용한다.
⑦ 무인 택배, 무인 배달 시스템으로 사용한다.
⑧ 가게에서 음식을 서빙하는 용도로 사용한다.
⑨ 기지국 역할을 하는 드론을 띄워 인터넷을 연결하는 데 사용한다.
⑩ 우주 탐사에 활용한다.

해설

카메라를 탑재한 드론은 지리적인 한계나 안전상의 이유로 가지 못했던 장소를 생생하게 렌즈에 담을 수 있고, 과거에 활용하던 항공 촬영보다 촬영 비용이 더 저렴하다. 〈내셔널 지오그래피〉는 2014년 탄자니아에서 사자 생태를 촬영하는 데 드론을 도입했고, 〈CNN〉은 터키 시위 현장, 필리핀 태풍 하이얀 취재 등에 드론을 활용했다. 국내 방송사들도 예능 방송이나 드라마 촬영에 이미 드론을 이용하고 있다. 배달 업계에서도 드론에 대한 관심이 많다. 도미노피자는 법적인 규제가 완화되면 몇 년 안에 드론을 실제 배달 서비스에 쓸 예정이고, DHL은 '파셀콥터'라는 드론을 만들어 2014년 9월부터 육지에서 12 km 떨어진 독일의 한 섬에 의약품과 긴급구호 물품을 전달하고 있다. 미국 일부 지역 경찰들은 2013년부터 범죄 현장에 드론을 사용하기 시작했고, 영국 런던의 한 초밥 전문점에는 음식을 나르는 웨이터 드론이 등장했다. 현재 드론은 군사용뿐만 아니라 기업, 미디어, 개인을 위한 용도로도 활용되고 있지만, 여전히 드론 시장에 나온 제품 가운데 90 %는 군사용이다.

채점 기준 총체적 채점

문제 해결 능력(7점)
* 드론의 활용 방안으로 적절한 것만 아이디어로 평가한다.
* 같은 아이디어가 반복되는 경우 1개의 아이디어로 평가한다.
* 적절한 아이디어라고 여겨지는 것의 수를 세어 다음 기준에 따라 점수를 부여한다.

아이디어의 수	점수		3개	3점
1개	1점		4개	5점
2개	2점		5개	7점

평가 영역 문항	창의성		사고력		융합 사고력	
	유창성, 융통성	독창성	수학 사고력	과학 사고력	문제 파악 능력	문제 해결 능력
01	점	점				
02	점	점				
03	점					
04	점					
05	점					
06			점			
07					점	점
08	점					
09	점	점				
10	점					
11	점					
12	점					
13				점		
14					점	점

평가 영역별 점수	유창성, 융통성	독창성	수학 사고력	과학 사고력	문제 파악 능력	문제 해결 능력
	창의성		사고력		융합 사고력	
	/ 70점		/ 10점		/ 20점	
			총점			

● 평가 결과에 따른 학습 방향

창의성
- 50점 이상　보다 독창성 있는 아이디어를 내는 연습을 하세요.
- 35~49점　다양한 관점의 아이디어를 더 내는 연습을 하세요.
- 35점 미만　적절한 아이디어를 더 내는 연습을 하세요.

사고력
- 6점 이상　교과 개념과 연관된 응용문제로 문제 적응력을 기르세요.
- 5점 미만　틀린 문항과 관련된 교과 개념을 다시 공부하세요.

융합 사고력
- 15점 이상　답안을 보다 구체적으로 작성하는 연습을 하세요.
- 10~14점　문제 해결 방안의 아이디어를 다양하게 내는 연습을 하세요.
- 10점 미만　실생활과 관련된 기사로 수학·과학적 사고를 확장하는 연습을 하세요.

평가 가이드
문항 구성 및 채점표

01 창의성

평가 영역	일반 창의성
사고 영역	유창성, 융통성, 독창성

예시답안

① 공휴일이기 때문이다.
② 공사를 위해 도로를 통제했기 때문이다.
③ 사고로 길이 막혔기 때문이다.
④ 지구를 위해 자동차가 없는 날로 정한 날이기 때문이다.
⑤ 촛불 집회로 인해 도로를 통제했기 때문이다.
⑥ 학생들이 학교에 가거나 집으로 돌아가는 시간에 학교 앞으로는 자동차가 다닐 수 없도록 했기 때문이다.
⑦ 지상 도로는 구도로가 되고 공중을 부양하는 자동차가 많아졌기 때문이다.
⑧ 지상의 도로는 모두 공원으로 바뀌었고 자동차는 모두 지하로 다니기 때문이다.
⑨ 마라톤 대회가 열려서 도로를 통제했기 때문이다.
⑩ 홍수로 인해 도로가 물에 잠겼기 때문이다.

채점 기준   총체적 채점

유창성, 융통성(5점) : 적절한 아이디어의 수와 범주
* 도로에 차가 없는 이유로 적절한 것만 아이디어로 평가한다.
* 같은 아이디어가 반복되는 경우 1개의 아이디어로 평가한다.
* 적절한 아이디어라고 여겨지는 것의 수를 세어 다음 기준에 따라 점수를 부여한다.

아이디어의 수	점수
1개	1점
2개	2점
3개	3점
4개	4점
5개	5점

독창성(2점) : 아이디어가 얼마나 독특하고 창의적인가?
* 유창성, 융통성 점수를 받은 아이디어에 한해서 독창성 채점을 한다.
* 학생들의 답안을 토대로 흔한 아이디어 목록을 구성하고, 그에 포함되지 않는 아이디어의 수를 세어 다음 기준에 따라 점수를 부여한다.

아이디어의 수	점수
1개	1점
2개 이상	2점

⑫ 창의성

평가 영역	일반 창의성
사고 영역	유창성, 융통성, 독창성

예시답안

① 코끼리가 들어갈 수 있을 만큼 큰 냉장고를 만든다.

② 생명 공학으로 작은 코끼리를 만들어 냉장고에 넣는다.

③ 죽은 코끼리를 갈아서 냉장고에 넣는다.

④ 닭을 사서 이름을 코끼리로 지은 후 냉장고에 넣는다.

⑤ 코끼리의 수정란을 냉장고에 넣는다.

⑥ 냉장고라고 이름을 붙인 창고에 코끼리를 넣는다.

⑦ 코끼리를 통조림으로 만든 후 냉장고에 넣는다.

⑧ 냉장고의 안과 밖을 바꾸면 냉장고 밖에 있는 코끼리가 냉장고 안에 있게 된다.

⑨ 탭, 노트북, 스마트폰에 코끼리 사진을 띄워 놓고 냉장고에 넣는다.

⑩ 냉장고에 거울을 넣은 후 거울에 코끼리를 비춰서 넣는다.

⑪ 코끼리 분장을 한 작은 동물을 넣는다.

⑫ 홀로그램으로 냉장고를 크게 확대하여 코끼리에 비춘다.

⑬ 새끼 코끼리를 대형 냉장고에 넣는다.

⑭ 볼록 렌즈로 코끼리의 상이 냉장고 안에 생기게 한다.

채점 기준   총체적 채점

유창성, 융통성(5점) : 적절한 아이디어의 수와 범주

* 코끼리를 냉장고에 넣을 수 있는 방법으로 적절한 것만 아이디어로 평가한다.

* 같은 아이디어가 반복되는 경우 1개의 아이디어로 평가한다.

* 적절한 아이디어라고 여겨지는 것의 수를 세어 다음 기준에 따라 점수를 부여한다.

아이디어의 수	점수
1~3개	1점
4~5개	2점
6~7개	3점
8~9개	4점
10개	5점

독창성(2점) : 아이디어가 얼마나 독특하고 창의적인가?

* 유창성, 융통성 점수를 받은 아이디어에 한해서 독창성 채점을 한다.

* 학생들의 답안을 토대로 흔한 아이디어 목록을 구성하고, 그에 포함되지 않는 아이디어의 수를 세어 다음 기준에 따라 점수를 부여한다.

아이디어의 수	점수
1개	1점
2개 이상	2점

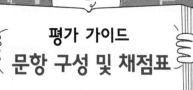

03 창의성

평가 영역	수학 창의성
사고 영역	유창성, 융통성

예시답안

① 해수욕장의 상공에서 사진을 찍어 해수욕장에 모인 인파를 추산한다.

② 단위 면적에 있는 피서객의 수를 구하고, 해수욕장 면적을 곱해 인파를 추산한다.

③ 과거 해수욕장에 방문한 사람들의 수를 알아보고, 해수욕장의 상인들에게 인파가 얼마나 늘었는지 물어보아 늘어난 정도를 추산한다.

④ 해수욕장 입구에 들어가는 사람과 나오는 사람을 셀 수 있는 장치를 만든다.

⑤ 해수욕장을 방문한 사람들에게 부채를 나누어 주고 나누어 준 부채의 개수를 센다.

⑥ 각 통신사에서 핸드폰 사용을 집계하여 인파를 추산한다.

⑦ 인터넷 검색 횟수를 조회하여 빅데이터 분석을 하여 인파를 추산한다.

⑧ 오전에 단위 면적에 있는 사람의 수를 구한 후 해수욕장 면적을 곱해 인파를 추산하고, 오후에도 같은 방법으로 해수욕장 인파를 추산하여 합한다.

채점 기준　총체적 채점

유창성, 융통성(7점) : 적절한 아이디어의 수와 범주

* 인파를 추정할 수 있는 방법으로 적절한 것만 아이디어로 평가한다.

* 같은 아이디어가 반복되는 경우 1개의 아이디어로 평가한다.

* 적절한 아이디어라고 여겨지는 것의 수를 세어 다음 기준에 따라 점수를 부여한다.

아이디어의 수	점수		3개	3점
1개	1점		4개	5점
2개	2점		5개	7점

04 창의성

평가 영역	수학 창의성
사고 영역	유창성, 융통성

예시답안

① 열쇠 구멍
② 테루테루보즈(일본에서 비 내리는 날 처마 밑에 걸어 두는 인형)
③ 제기
④ 체스 말
⑤ 확성기
⑥ 셔틀콕
⑦ 조미료 병
⑧ 마이크
⑨ 믹서기
⑩ 카메라에 맺힌 상
⑪ 소화전
⑫ 건물 뒤로 해가 떠오르는 모습
⑬ 훈장
⑭ 메달
⑮ 주먹 쥔 손
⑯ 레고
⑰ 눈사람
⑱ 막대 사탕
⑲ 피라미드에 노을이 비친 모습
⑳ 두 손으로 공을 잡고 있는 모습
㉑ 방문 손잡이
㉒ 양변기 물 내리는 손잡이
㉓ 침대 가장자리 기둥 모양
㉔ 여자 화장실 표시
㉕ 자동차 기어봉
㉖ 호루라기

채점 기준 총체적 채점

유창성, 융통성(7점) : 적절한 아이디어의 수와 범주
* 주어진 모양을 보고 떠올릴 수 있는 물건으로 적절한 것만 아이디어로 평가한다.
* 특별한 경우, 많은 사람들이 쉽게 떠올릴 수 없는 것은 아이디어로 평가하지 않는다.
* 같은 아이디어가 반복되는 경우 1개의 아이디어로 평가한다.
* 적절한 아이디어라고 여겨지는 것의 수를 세어 다음 기준에 따라 점수를 부여한다.

아이디어의 수	점수	15~16개	4점
1~10개	1점	17~18개	5점
11~12개	2점	19개	6점
13~14개	3점	20개	7점

05 창의성

평가 영역	수학 창의성
사고 영역	유창성

예시답안

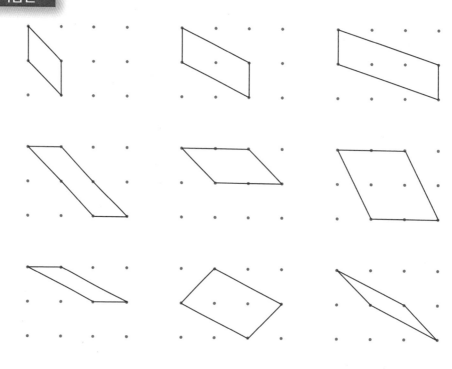

채점 기준 총체적 채점

유창성(7점) : 적절한 아이디어의 수와 범주
* 주어진 조건에 맞는 평행사변형을 정확히 그린 경우만 아이디어로 평가한다.
* 적절한 아이디어라고 여겨지는 것의 수를 세어 다음 기준에 따라 점수를 부여한다.

아이디어의 수	점수		6개	4점
1~2개	1점		7개	5점
3~4개	2점		8개	6점
5개	3점		9개	7점

06 사고력

평가 영역	사고력
사고 영역	수학 사고력

모범답안

2	5	3	1	4
1	4	2	5	3
5	3	1	4	2
4	2	5	3	1
3	1	4	2	5

해설

맨 아래 줄의 가운데 칸, 왼쪽 첫 번째 열의 가운데 칸, 맨 오른쪽 열의 가운데 칸에 들어갈 수를 먼저 찾은 후 나머지 수를 조건에 맞게 나열한다.

채점 기준 요소별 채점

수학 사고력(5점)

채점 기준	점수
답을 정확히 구한 경우	5점

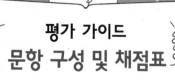

07 융합 사고력

평가 영역	융합 사고력-수학
사고 영역	문제 파악 능력, 문제 해결 능력

모범답안

(1)

① 사람들이 내비게이션을 활용하여 이동한 장소나 검색한 결과를 빅데이터로 활용하기 위해서이다.

② 무료라면 더 많은 사람이 사용하게 되고 이를 통해 수집된 빅데이터를 이용하면 내비게이션의 사용료를 받는 것보다 훨씬 더 큰 이익을 얻을 수 있기 때문이다.

해설

빅데이터로 유동 인구를 분석하여 해수욕장 인원을 파악하고, 각 지자체별로 상권 분석, 외국인 관광객 분석, 대표 축제 참가 인원 등을 분석해 공공업무로 사용한다.

채점 기준   요소별 채점

문제 파악 능력(3점)

채점 기준	점수
이유를 정확히 서술한 경우	3점

예시답안

(2)
① 자동차의 이동 경로를 분석해 이동하는데 걸리는 시간을 최소화한다.

② 학생들이 주로 검색하는 결과를 바탕으로 학생들을 위한 제품을 개발한다.

③ 사람들이 검색하는 옷의 스타일을 분석해 사람들이 원하는 옷을 만든다.

④ 사람들이 검색하는 빈도가 높은 관광지를 선정해 순위를 정한다.

⑤ 학생들이 주로 검색하는 게임이 무엇인지 분석해 새로운 게임을 개발할 때 반영한다.

⑥ 각 지자체에서 관광객을 분석한다.

⑦ 철도나 버스 등 대중 교통 이용을 분석한다.

⑧ 빅데이터로 나무를 관리해 나무의 생장 속도를 확인하고 기상 현상에 대비하여 피해를 줄인다.−미국 맨해튼 센트럴파크

⑨ 선거 때, 인터넷에 언급되는 후보자 이름의 수를 분석하여 당선 가능성을 예측한다.

⑩ 명절이나 휴가 기간에 정체 구간이나 날짜를 미리 알 수 있다.

⑪ 마트에서 구매 물량을 예측하고 조절할 수 있다.

⑫ 은행 업무나 법률 자문을 사람이 아닌 컴퓨터와 상담할 수 있다.

⑬ 기존 바둑 경기 데이터를 분석해 바둑 로봇(알파고)를 만든다.

⑭ 빅데이터로 목적지까지 스스로 운행하는 무인 자동차를 만든다.

채점 기준 총체적 채점

문제 해결 능력(7점)

* 빅데이터가 이용되는 경우나 빅테이터를 활용할 수 있는 방법으로 적절한 것만 아이디어로 평가한다.
* 같은 아이디어가 반복되는 경우 1개의 아이디어로 평가한다.
* 적절한 아이디어라고 여겨지는 것의 수를 세어 다음 기준에 따라 점수를 부여한다.

아이디어의 수	점수		3개	3점
1개	1점		4개	5점
2개	2점		5개	7점

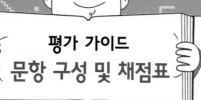

⑧ 창의성

평가 영역	일반 창의성
사고 영역	유창성, 융통성

예시답안

① 달리기 경주에서 1명이 넘어져 뒤쳐져 있는 모습
② 홍수로 인해 고립된 사람과 그를 구하려는 구조대의 모습
③ 초식동물 1마리를 쫓는 하이에나 무리의 모습
④ '무궁화 꽃이 피었습니다.' 놀이를 하는 아이들의 모습
⑤ 1명의 범인을 쫓는 경찰의 모습
⑥ 콘서트를 보는 모습
⑦ UFO가 날아가는 모습
⑧ 벌칙으로 오리 걸음을 하고 있는 학생들과 선생님의 모습
⑨ 바다에서 다른 배들이 대장 배를 따라가고 있는 모습
⑩ 적의 비행기를 아군 비행기들이 따라가고 있는 모습

해설

별자리 모습은 아래쪽에서 위쪽으로 본 모습이므로 답안으로 적절하지 않다.

채점 기준　　총체적 채점

유창성, 융통성(7점) : 적절한 아이디어의 수와 범주
* 멀리서 본 모습이 그림과 같은 경우로 적절한 것만 아이디어로 평가한다.
* 같은 아이디어가 반복되는 경우 1개의 아이디어로 평가한다.
* 적절한 아이디어라고 여겨지는 것의 수를 세어 다음 기준에 따라 점수를 부여한다.

아이디어의 수	점수			
			3개	3점
1개	1점		4개	5점
2개	2점		5개	7점

⑨ 창의성

평가 영역	일반 창의성
사고 영역	유창성, 융통성, 독창성

예시답안

① 아들에게 안경을 맞춰 주고, 그 안경을 뽑는다.
② 아들에게 겨울에 내리는 눈을 두 덩이 뭉쳐오라고 한 뒤 그 눈을 뽑는다.
③ 아들에게 전 국민이 다 듣는 앞에서 노래를 두 곡 뽑으라고 한다. (곡을 뒤집으면 눈이 된다.)
④ 아들의 국적을 외국으로 바꾼다.
⑤ 왕자를 바로 왕으로 삼고 자신은 상왕이 된다.
⑥ 아들과 똑같이 생긴 사람을 찾아 그 사람의 눈을 뽑는다.
⑦ 왕자는 백성이 아니라고 제외한다.
⑧ 죄를 사면해주는 특별한 날을 정해 아들의 죄를 사면해준다.

채점 기준 총체적 채점

유창성, 융통성(5점) : 적절한 아이디어의 수와 범주
* 아들의 눈을 뽑지 않는 방법만 아이디어로 평가한다.
* 같은 아이디어가 반복되는 경우 1개의 아이디어로 평가한다.
* 적절한 아이디어라고 여겨지는 것의 수를 세어 다음 기준에 따라 점수를 부여한다.

아이디어의 수	점수
1개	1점
2개	2점
3개	3점
4개	4점
5개	5점

독창성(2점) : 아이디어가 얼마나 독특하고 창의적인가?
* 유창성, 융통성 점수를 받은 아이디어에 한해서 독창성 채점을 한다.
* 학생들의 답안을 토대로 흔한 아이디어 목록을 구성하고, 그에 포함되지 않는 아이디어의 수를 세어 다음 기준에 따라 점수를 부여한다.

아이디어의 수	점수
1개	1점
2개 이상	2점

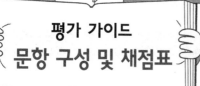

⑩ 창의성

평가 영역	과학 창의성
사고 영역	유창성, 융통성

예시답안

① 겨울 방학은 짧아지고 여름 방학이 길어질 것이다.

② 냉방을 위한 에너지 사용이 더 많아질 것이다.

③ 모기 퇴치제와 같이 여름에 사용하는 물건의 소비가 많아질 것이다.

④ 사람들의 피부색이 점점 어두워질 것이다.

⑤ 따뜻한 지방에서 자라는 과일을 재배할 수 있을 것이다.

⑥ 바다에서 잡히는 생선의 종류가 변할 것이다.

⑦ 겨울에 눈이 내리는 경우가 줄어들 것이다.

⑧ 겨울이 짧아지거나 사라져 계절의 수가 줄어들 것이다.

⑨ 폭우나 태풍과 같은 재해가 자주 일어날 것이다.

⑩ 농작물의 북방한계선이 상승하여 농가에서 주로 열대과일을 재배할 것이다.

⑪ 여름에 휴대용 선풍기의 수요가 늘어날 것이다.

⑫ 겨울에 일회용 손난로의 수요가 줄어들 것이다.

채점 기준　총체적 채점

유창성, 융통성(7점) : 적절한 아이디어의 수와 범주

★ 기온 상승이 실생활에 미치는 영향으로 적절한 것만 아이디어로 평가한다.

★ 같은 아이디어가 반복되는 경우 1개의 아이디어로 평가한다.

★ 적절한 아이디어라고 여겨지는 것의 수를 세어 다음 기준에 따라 점수를 부여한다.

아이디어의 수	점수		아이디어의 수	점수
1~2개	1점		7개	4점
3~4개	2점		8개	5점
5~6개	3점		9개	6점
			10개	7점

⑪ 창의성

평가 영역	과학 창의성
사고 영역	유창성, 융통성

예시답안

① 얼음물이 든 컵을 냉동실이나 냉장실에 넣는다.

② 얼음물의 물을 모두 따라내고 얼음을 따로 보관한다.

③ 얼음물을 드라이아이스 조각 사이에 꽂아 보관한다.

④ 컵을 젖은 수건으로 감싼다.

⑤ 얼음물을 단열이 되는 스티로폼 상자, 아이스박스, 보온병에 보관한다.

⑥ 유리컵 주변에 아이스팩을 붙인다.

해설

③ 드라이아이스가 승화하면서 주위 열을 빼앗아간다.

④ 젖은 수건에서 물이 증발하면서 주위 열을 빼앗아간다.

채점 기준 총체적 채점

유창성, 융통성(7점) : 적절한 아이디어의 수와 범주

* 얼음이 녹는 속도를 줄일 수 있는 방법으로 적절한 것만 아이디어로 평가한다.

* 같은 아이디어가 반복되는 경우 1개의 아이디어로 평가한다.

* 적절한 아이디어라고 여겨지는 것의 수를 세어 다음 기준에 따라 점수를 부여한다.

아이디어의 수	점수		3개	3점
1개	1점		4개	5점
2개	2점		5개	7점

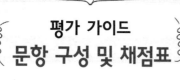

⑫ 창의성

평가 영역	과학 창의성
사고 영역	유창성, 융통성

예시답안

① 삽으로 흙을 퍼서 던지면 흙은 날아가고 삽은 남는다.
② 실에 돌을 매달아서 돌리다가 놓으면 돌이 날아간다.
③ 도낏자루를 잡고 바닥에 치면 도끼가 자루에 박힌다.
④ 우산을 돌리면 우산 끝에서 빗물이 튕겨 나간다.
⑤ 자동차끼리 부딪치면 운전자나 차 안의 물체가 앞으로 튕겨 나간다.
⑥ 컵 속에 물을 넣고 컵을 두세 번 흔들면 컵이 멈춘 후에도 물은 한동안 움직인다.
⑦ 육상 선수는 결승선을 통과한 후 바로 멈출 수 없다.
⑧ 걷거나 달리다가 돌부리에 걸리면 앞으로 넘어진다.
⑨ 양념통을 흔들다 멈추면 통 안의 양념이 밖으로 나온다.
⑩ 투수가 공을 던지면 몸이 앞으로 기울어진다.
⑪ 스키 점프대를 떠난 스키가 계속 날아간다.
⑫ 지하철이 역에 멈추면 몸이 앞으로 쏠린다.
⑬ 급브레이크를 밟아도 바로 정지할 수 없다.

해설

자동차를 타고 가다가 갑자기 브레이크를 밟으면 운동 관성에 의해 몸이 앞으로 쏠린다.

채점 기준　총체적 채점

유창성, 융통성(7점) : 적절한 아이디어의 수와 범주
＊ 운동 관성으로 설명할 수 있는 것만 아이디어로 평가한다.
＊ 같은 아이디어가 반복되는 경우 1개의 아이디어로 평가한다.
＊ 적절한 아이디어라고 여겨지는 것의 수를 세어 다음 기준에 따라 점수를 부여한다.

아이디어의 수	점수		7개	4점
1~2개	1점		8개	5점
3~4개	2점		9개	6점
5~6개	3점		10개	7점

⑬ 사고력

평가 영역	사고력
사고 영역	과학 사고력

모범답안

해양 지각은 해령에서 생성된 후 수렴형 경계에서 소멸되기 때문이다.

해설

지구는 지진파의 속도 변화에 의해 지각, 맨틀, 외핵, 내핵으로 구분되고, 지각은 해양 지각과 대륙 지각으로 구분된다. 해양 지각은 지구 표면의 2/3를 차지하고 대륙 지각은 1/3을 차지한다. 현무암으로 이루어진 해양 지각은 화강암으로 이루어진 대륙 지각보다 밀도가 크다. 해양 지각은 중앙해령에서 생성된 후 좌우로 이동하다가, 수렴형 경계에서 아래로 섭입되어 소멸된다. 따라서 해양 지각의 나이는 8천만 년 정도이고 2억 년 이상 된 해양 지각은 거의 없다. 가장 오래된 해양 지각은 북아메리카 대륙 앞바다의 해양 지각과 마리아나 해구의 태평양판에서 볼 수 있다. 가장 오래된 대륙 지각은 캐나다에서 발견된 편마암으로 나이는 약 40억 년이다.

채점 기준 요소별 채점

과학 사고력(5점)

채점 기준	점수
이유를 바르게 서술한 경우	5점

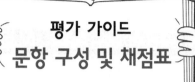

14 융합 사고력

평가 영역	융합 사고력-과학
사고 영역	문제 파악 능력, 문제 해결 능력

모범답안

(1) 식물이 호흡과 광합성을 위해 뒷면에 있는 기공으로 공기를 빨아들일 때 초미세먼지도 함께 빨아들이므로 초미세먼지가 제거된다.

해설

식물은 공기 중의 산소를 흡수하고 이산화 탄소를 공기 중으로 내보내는 호흡을 하고, 햇빛이 있을 때는 공기 중의 이산화 탄소를 흡수하여 광합성을 한 후 공기 중으로 산소를 내보낸다. 식물은 잎 뒷면의 기공으로 공기를 흡수하고 내보낸다. 미세먼지는 지름이 10 ㎛ 이하, 초미세 먼지는 지름이 2.5 ㎛ 이하, 기공은 약 2.5 ㎛이므로 식물은 공기를 흡수할 때 초미세먼지도 함께 흡수한다. 기공이 크고 호흡과 광합성을 많이 하는 식물일수록 많은 공기를 흡수하므로 초미세먼지도 많이 흡수한다.

채점 기준   요소별 채점

문제 파악 능력(3점)

채점 기준	점수
식물이 초미세먼지를 흡수한다고만 서술한 경우	1점
식물이 기공으로 공기를 흡수할 때 초미세먼지가 함께 흡수된다고 서술한 경우	3점

예시답안

(2)
① 잎에 먼지가 쌓이지 않도록 분무기로 물을 뿌리거나 젖은 천으로 자주 닦는다.
② 주기적으로 새 흙으로 흙갈이를 한다.
③ 환기를 잘한다.
④ 잎에 영양분을 직접 공급한다.
⑤ 공기청정기를 사용한다.
⑥ 주기적으로 산성화된 흙에 석회를 뿌려 중화시킨다.
⑦ 햇빛이 잘 드는 창가에 놓고 키운다.

해설

식물은 잎 뒷면의 기공으로 공기와 함께 초미세먼지를 흡수하거나 앞면의 큐티클층에 미세먼지와 초미세먼지를 달라붙게 하여 제거한다. 잎에 먼지가 쌓인 채로 내버려 두면 기공을 통한 기체 교환이 원활하게 일어나지 못하고 빛을 흡수하는 정도가 낮아지므로 광합성 효율도 낮아진다. 그러므로 잎에 먼지가 쌓이지 않도록 분무기로 물을 뿌리거나 젖은 천으로 자주 닦아주고 환기를 잘 하는 것이 좋다. 식물은 기공으로 흡수한 초미세먼지를 식물체 내에 쌓이게 하거나 효소의 작용으로 다른 성분으로 바꾸거나, 뿌리를 통해 흙으로 배출한다. 따라서 시간이 지나면 흙은 각종 유해 화학물질로 오염되고 산성화된다. 또한, 시간이 지나면 흙 속의 양분도 적어지므로 주기적으로 분갈이를 하고 새 흙으로 흙갈이를 하는 것이 좋다. 식물은 주로 뿌리로 물과 양분을 흡수하지만, 잎의 기공으로도 흡수한다. 액체 비료를 흙에 주면 식물이 양분을 빨아올리는 데 시간이 오래 걸리므로 식물이 시들었을 때 잎에 직접 분무하여 다른 기관으로 빠르게 이동하게 하면 좋다.

채점 기준 ▮ 총체적 채점

문제 해결 능력(7점)
* 미세먼지와 초미세먼지가 많은 곳에서 식물을 건강하게 키울 수 있는 방법으로 적절한 것만 아이디어로 평가한다.
* 같은 아이디어가 반복되는 경우 1개의 아이디어로 평가한다.
* 적절한 아이디어라고 여겨지는 것의 수를 세어 다음 기준에 따라 점수를 부여한다.

아이디어의 수	점수		3개	3점
1개	1점		4개	5점
2개	2점		5개	7점

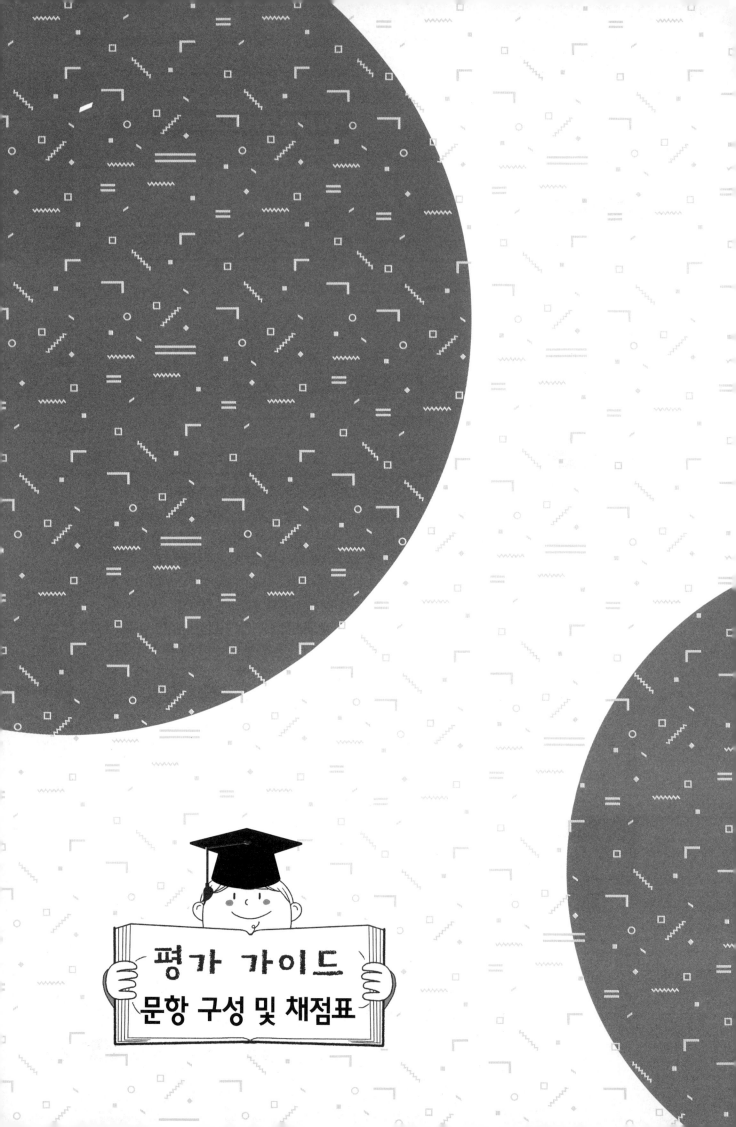

평가 가이드
문항 구성 및 채점표

영재성검사
창의적 문제해결력

기출문제

정답 및 해설

01 사고력

모범답안

(1) THHTHTTH

(2) H

해설

(2) H T T H T H H T → H T T H → H T → H

02 사고력

모범답안

(1) 11번

(2)

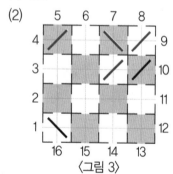

〈그림 3〉

해설

홀수 번째로 통과하는 방은 가림판의 모양이 바뀌고, 짝수 번째로 통과하는 방은 가림판의 모양이 그대로이다.

(1)

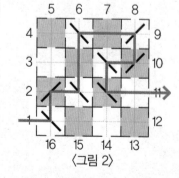

〈그림 2〉

(2)

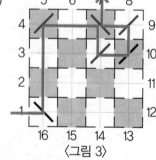

〈그림 3〉

03 사고력

모범답안

					중앙선			
2층		B	B			B	B	
1층	A	A	A	C	C	A	A	A
잎	🍃	🍃	🍃	🍃	🍃	🍃	🍃	🍃

해설

꽃의 특징에 맞는 그림은 다음과 같다.

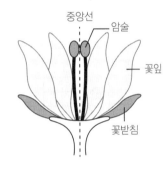

중앙선　암술　꽃잎　꽃받침

04 사고력

모범답안

1×5×7×8×9=2520

2×4×5×7×9=2520

3×4×5×6×7=2520

해설

2520=2×2×2×3×3×5×7

서로 다른 한 자리 자연수의 곱을 나타내기 위해서는 여러 번 곱해지는 2와 3의 개수를 0개

또는 1개로 만들고 나머지 수에서 서로 같은 자연수가 없도록 만들어야 한다.

05 사고력

모범답안

10번

해설

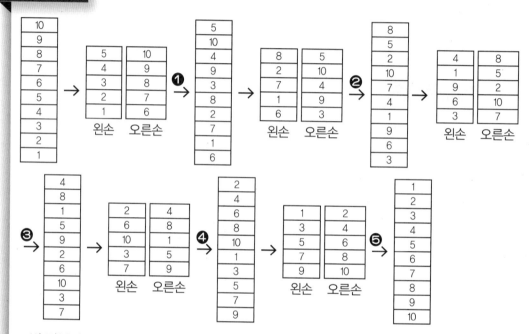

5번 반복하면 1부터 10까지의 쌓인 순서가 거꾸로 바뀌었으므로 5번 더 반복하면 처음과 같은 순서로 카드가 쌓이게 된다. 따라서 10번 반복하면 처음과 같은 순서로 카드가 쌓이게 된다.

06 창의성

모범답안

(1)

구분	아이디어 설명	장점	단점
〈그림 1〉	세면대에서 사용한 물을 모아 변기 세척 용수로 사용한다.	물을 절약할 수 있다.	변기에 고여 있는 물이 깨끗하지 않다.
〈그림 2〉	물을 사용하면 금붕어 모형이 있는 어항의 물이 줄어든다.	어항에 금붕어 모형이 떠있는 위치를 보고 물이 줄어드는 것을 알 수 있어 물을 절약할 수 있다	어항을 세척해야 한다.

(2)

발명품명	물 절약 세면대와 변기	
발명품 설명과 그림	사용한 물 깨끗한 물	변기의 물탱크를 2단으로 나누어 아래층에는 세면대에서 사용한 물을 채우고 위층에는 깨끗한 물을 채운다. 변기의 물을 내리면 처음에는 아래층에 채워진 물이 나오고 이어 위층에 채워진 물이 나온다. 그러면 세면대에서 사용한 물은 변기를 세척한 후 하수구로 빠져나가고, 변기에는 위층에서 나온 깨끗한 물만 남는다.
발명품의 평가	창의성	주어진 조건에 잘 맞다.
	경제성	물을 절약할 수 있다.
	실용성	변기에 고여 있는 물이 깨끗하므로 화장실이 깔끔하고 깨끗하다.

07 사고력

모범답안

A 지역은 해류의 영향으로 겨울에는 따뜻하고 여름에는 시원하다. 그러나 지구 온난화로 인해 빙하가 녹으면 해류의 움직임이 약해져 저위도와 고위도 지방의 기온차가 심해진다. 따라서 겨울에는 더 추워지고 여름에는 더 더워지며 강력한 태풍이 만들어질 것이다.

해설

바닷물의 흐름을 해류라 하고, 해류는 바람에 의한 표층 순환과 밀도차에 의한 심층 순환으로 나눌 수 있다. 표층 해류는 저위도에서 고위도로 흐르는 난류와 고위도에서 저위도로 흐르는 한류로 나눌 수 있다. 심층 순환은 극지방의 밀도가 큰 바닷물이 가라앉아 적도 지방으로 이동하면서 데워지고, 적도 지방에서 위로 올라온 후 표층 해류를 따라 다시 극지방으로 이동하며 위도별 에너지 차를 줄여준다.

바다와 가까운 지역은 해류의 영향을 받아 같은 위도의 대륙 중앙보다 여름에 시원하고 겨울에 따뜻하다. 만약 지구 온난화로 인해 빙하가 녹으면 극지방 주변 해수의 밀도가 낮아진다. 이로 인해 극지방과 적도 지방 주변 해수의 밀도차가 적어져 심층 순환이 잘 일어나지 않아 고위도와 저위도 지방의 기온차가 심해진다. 또한, 극지방에서 아래로 가라앉지 못한 해수는 표층 해류가 되어 저위도 지방으로 내려오며 한류를 강화하므로 중위도 해안가 지방의 기온이 매우 낮아진다.

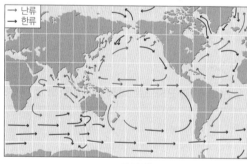

▲ 표층 순환

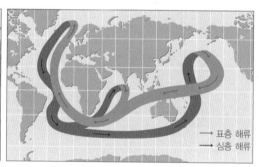

▲ 심층 순환

08 사고력

다른 한 명의 보균자 표시　21일째 되는 날의 감염 상태　　다른 한 명의 보균자 표시　21일째 되는 날의 감염 상태

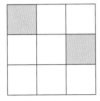 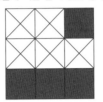 또는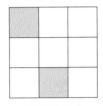

〈첫 번째 그림〉　〈두 번째 그림〉　　　　　〈첫 번째 그림〉　〈두 번째 그림〉

두 명의 보균자가 가까이 있으면 다른 두 사람으로부터 동시에 M 바이러스에 감염될 확률이 낮으므로 사망자 수가 적고, 보균자가 멀리 있으면 다른 두 사람으로부터 동시에 M 바이러스에 감염될 확률이 높으므로 사망자 수가 많다.

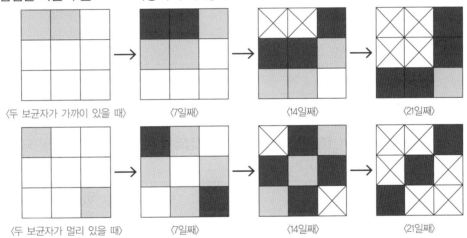

〈두 보균자가 가까이 있을 때〉　　〈7일째〉　　　〈14일째〉　　　〈21일째〉

〈두 보균자가 멀리 있을 때〉　　〈7일째〉　　　〈14일째〉　　　〈21일째〉

21일째가 되는 날 다섯 명의 사망자가 발생할 때 보균자의 위치는 다음과 같다.

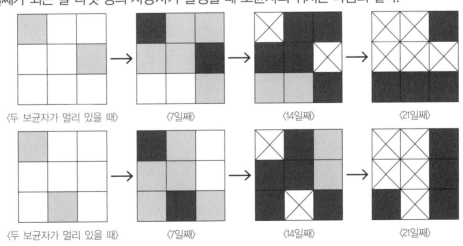

〈두 보균자가 멀리 있을 때〉　　〈7일째〉　　　〈14일째〉　　　〈21일째〉

〈두 보균자가 멀리 있을 때〉　　〈7일째〉　　　〈14일째〉　　　〈21일째〉

**기출문제
정답 및 해설**

09 사고력

모범답안

문항번호	1	2	3	4	5	6	7	8	9	10
정답	○	○	○	×	×	○	○	×	×	○

D가 맞힌 문항번호 : 1번, 2번, 7번, 8번, 9번 / 정답의 수 : 5개

E가 맞힌 문항번호 : 1번, 6번, 10번 / 정답의 수 : 3개

해설

A, B, C의 과반수가 정답이라고 표시한 것을 표로 나타내면 다음과 같다.

학생 \ 문항번호	1	2	3	4	5	6	7	8	9	10
A	○	○	×	×	×	×	○	×	○	○
B	○	×	○	×	○	○	×	×	×	○
C	×	○	○	×	×	○	○	○	×	×
과반수	○	○	○	×	×	○	○	×	×	○

이때 과반수가 정답이라고 표시한 것이 정답일 경우는 A, B, C 세 명 모두 맞힌 정답의 수가 7개가 되므로 정답표는 다음과 같다.

문항번호	1	2	3	4	5	6	7	8	9	10
정답	○	○	○	×	×	○	○	×	×	○

따라서 D가 맞힌 문항번호는 1번, 2번, 7번, 8번, 9번이고 정답의 수는 5개이며, E가 맞힌 문항번호는 1번, 6번, 10번이고 정답의 수는 3개이다.

❿ 사고력

6개

사다리 타기 게임에는 함수의 원리가 숨어 있다. 하나의 세로선은 옆의 세로선과 가로선으로 연결되어 있다. 이때 옆의 세로선으로 이동하는 것을 '자리바꿈'이라 하고, 자리바꿈은 여러 번 반복하여도 서로 하나씩 맞바꾸기 때문에 결국 서로 하나씩만 대응되는 '일대일 대응'이 된다.

세로선만 3개 그어진 상태에서 위쪽 A가 아래쪽 A로 가려면 3번 자리바꿈을 해야 하므로 가로선이 3개 필요하다. 이 상태에서 위쪽 B가 아래쪽 B로 가려면 3번 자리바꿈을 해야 하므로 가로선이 2개 더 필요하다. 가로선이 5개 그어진 상태에서 위쪽 C가 아래쪽 C로 가려면 3번 자리바꿈을 해야 하므로 가로선이 1개 더 필요하다.

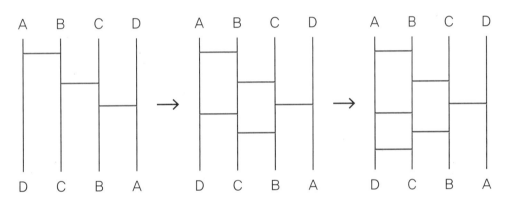

따라서 위쪽과 아래쪽이 같은 문자끼리 연결되는 사다리 타기 게임판을 만들 때 필요한 가로선의 가장 작은 개수는 6개이고, 가로선을 그리는 방법은 아래와 같이 다양하다.

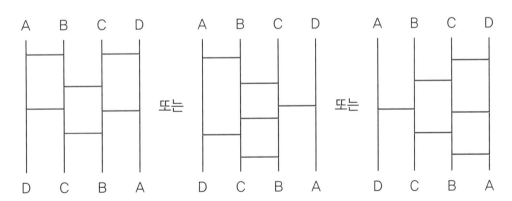

⑪ 창의성

예시답안

① 전자기 밧줄로 우주쓰레기의 속도를 줄여 지구 대기권으로 떨어뜨려서 태워 없어지게 한다.

② 레이저를 발사하여 떠다니는 우주쓰레기를 지구 대기권으로 떨어뜨려서 불타 없어지게 한다.

③ 우주에 큰 자석을 띄워 우주쓰레기를 끌어당겨 모은 후 지구 대기권으로 떨어뜨려서 태워 없어지게 한다.

④ 그물이나 로봇팔, 집게로 우주쓰레기를 붙잡아 지구 대기권으로 떨어지게 하거나 지구 중력권을 벗어나도록 멀리 던져 없어지게 한다.

⑤ 청소 위성을 발사해 우주쓰레기를 수거한 다음 지구 대기권에 떨어뜨리거나 원심력을 이용해서 우주쓰레기를 대기권 밖으로 날려 버린다.

⑫ 창의성

예시답안

① 바닷물에서 소금을 빼면 담수가 플러스다.

② 비만인 사람이 살을 빼면 건강이 플러스다.

③ 아파트에서 층간 소음을 빼면 행복함이 플러스다.

④ 제품에서 과대 포장을 빼면 지구 환경에 플러스다.

⑤ 음식을 포장할 때 공기를 빼면 신선함이 플러스다.

⑥ 생활 속 플라스틱 사용을 빼면 지구 환경에 플러스다.

⑦ 디젤 차량에서 요소수를 빼면 산성비 피해는 플러스다.

⑧ 소 방귀에서 메테인 가스를 빼면 지구 환경에 플러스다.

⑨ 식품을 보관할 때 공기를 빼면 식품 보관 기간이 플러스다.

⑩ 콘센트에서 쓰지 않는 플러그를 빼면 전기 절약이 플러스다.

⑬ 사고력

구분	기준 (가)	기준 (나)
1	금속인 원소	밀도가 1 g/cm³ 이하인 원소
2	전기음성도가 1 이하인 원소	밀도가 1 g/cm³ 이하인 원소
3	반지름이 100 pm 이상인 원소	밀도가 1 g/cm³ 이하인 원소

해설

리튬과 나트륨의 공통적인 성질은 고체이고 금속이면서 반지름이 100 pm 이상이고, 전기음성도는 1 이하, 밀도는 1 g/cm³ 이하인 원소이다.

⑭ 사고력

예시답안

(1) 운전을 할 때 간격이 좁아지면 곡선이 심해진다는 것을 알고 미리 속도를 줄일 수 있기 때문이다.

(2) ① 곡선 구간이 나오기 전에 과속방지턱을 설치해 속도를 줄이도록 한다.

　② 곡선 구간에서 차선을 바꾸지 않도록 차선의 색깔을 다르게 표시한다.

　③ 곡선 구간을 매끄럽게 하지 않고, 울퉁불퉁하게 하여 속도를 줄이도록 한다.

(3) ① 정지선을 지나 횡단보도에 정지하면 범칙금을 내게 한다.

　② 정지선을 흰색, 노란색, 빨간색 순서로 길게 표시하여 미리 속도를 줄이도록 한다.

　③ 노란색 신호등이 켜졌을 때 정지선을 지키지 못할 정도의 빠른 속도로 달리면 노래하는 도로처럼 경보음이 나도록 도로 표면에 홈을 만든다.

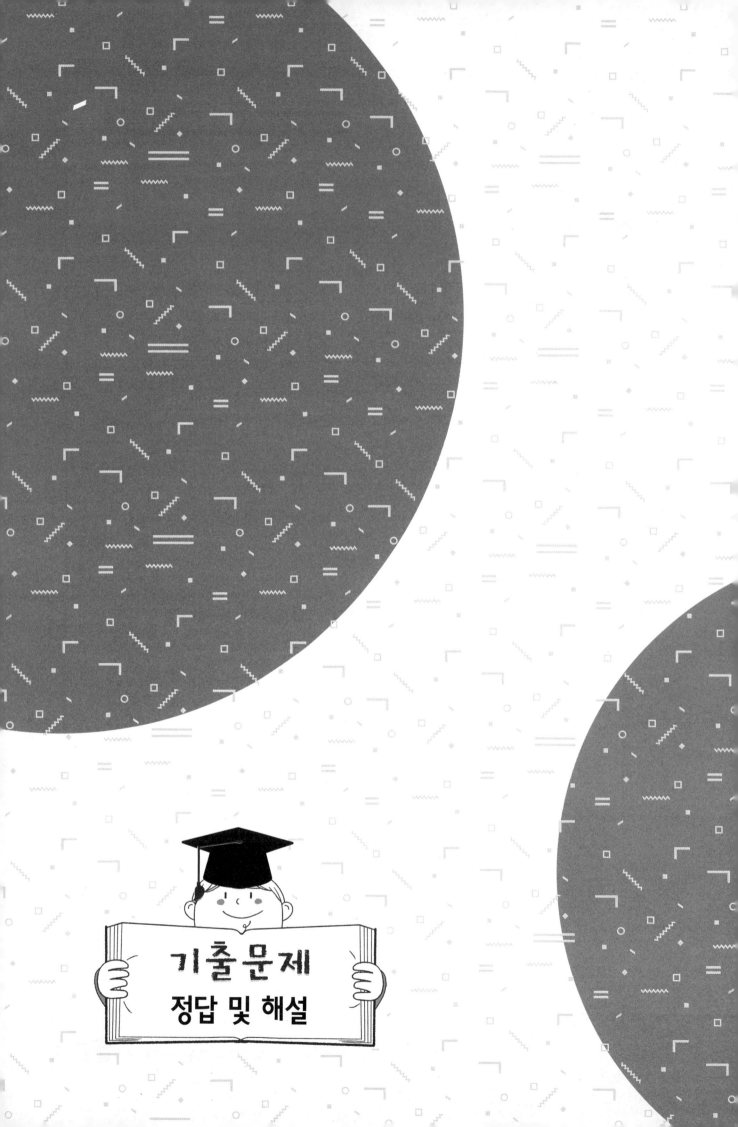

기출문제
정답 및 해설

좋은 책을 만드는 길, 독자님과 함께 하겠습니다.

영재성검사 창의적 문제해결력 모의고사 (중등 1~2학년)

개정7판1쇄 발행	2024년 06월 05일 (인쇄 2024년 04월 15일)
초 판 발 행	2018년 01월 05일 (인쇄 2017년 09월 15일)
발 행 인	박영일
책 임 편 집	이해욱
편 저	이상호 · 정영철 · 안쌤 영재교육연구소
편 집 진 행	이미림
표지디자인	하연주
편집디자인	곽은슬 · 홍영란
발 행 처	(주)시대교육
공 급 처	(주)시대고시기획
출 판 등 록	제10-1521호
주 소	서울시 마포구 큰우물로 75 [도화동 538 성지 B/D] 9F
전 화	1600-3600
팩 스	02-701-8823
홈 페 이 지	www.sdedu.co.kr

I S B N	979-11-383-6999-2 (53400)
정 가	17,000원